植物の多次元コミュニケーション

長谷川宏司・広瀬克利・井上 進 編

大学教育出版

はしがき

　人間は夏、猛暑になればクーラーや扇風機で涼み、紫外線が強い季節になればサングラスをかけたり、日傘をさしたり、台風が襲来すれば堅固な建物の中に避難したり、また、冬の極寒には暖房機器で部屋を暖めたりして、外の環境が悪化しても快適に生活することができます。動物や昆虫も自らの意志で自由に生活の場所を移動できることから、厳しい自然の環境変化に対応できます。

　ところが、土壌に根を張り、生活の場所を自らの意志で自由に移動することができない植物は大変です。いずれの環境変化にも死を覚悟しなければなりません。しかし、実際には悪い環境下でも何も言わず、じっと耐えて生きています。どうも、生活の場所を移動することができないというハンディーを背負っている植物には悪い環境下でも生き抜くための"戦略（知恵）"が具備されているようです。

　私たちはこれまで長年にわたって、「植物が周りの環境変化に応答して生き抜くための"知恵"の謎解き」に植物生理化学、天然物化学、分子生物学、農学などの観点からチャレンジし、その研究成果を多くの国際学会誌に発表するとともに、2002年には『動く植物 ― その謎解き』、2005年には『植物の知恵 ― 化学と生物学からのアプローチ』、2009年には『博士教えてください ― 植物の知恵』、2011年には『最新　植物生理化学』、さらに2017年には『植物の知恵とわたしたち』を上梓してきました（いずれも大学教育出版）。

　考えてみれば、地球上に生息する人間をはじめ、多くの生き物は植物なしでは生活できないといっても過言ではないと思われます。植物特有の生物機能である"光合成"によって、近年問題になっている地球温暖化の元凶である二酸化炭素を吸収し、逆に生物の生命活動を支える酸素を放出し、地球環境の浄化に努めているのが植物です。また、生き物の食料として食物連鎖の中で重要な位置にいるのも植物であります。つまり、私たち人間は植物にもっと畏敬の念を抱き、植物の囁きに耳目を傾ける必要があるのではないでしょうか。

しかし、分析技術が飛躍的に発達した今日でも、そもそも人間は植物になり得ないことから、植物の知恵の完全な解明には至らず、間接的証拠に基づく解釈に留まっているといえます。確かに、人間同士が言語を用いて交わす"会話"は人間と植物の間には成立していません。しかし、未来永劫、絶対できないかというと必ずしもそうではないと思います。なぜなら、植物は動物、昆虫や微生物、さらに異種植物に対して、植物体内で生産される化学物質を介してさまざまな"化学的コミュニケーション（会話）"を行っていることが科学的に解明されつつあるからです。

そこで本書では、いつの日か、植物と人間とのコミュニケーションに関するビッグデータをもとに夢の発信機と受信機が開発され、人間と植物の間で自由に会話できることを夢見て、さまざまな時空間で植物と向かい合い、植物と"会話"しておられる方々に「植物のコミュニケーション」についてご執筆いただきました。

なお、世界的に著名な科学者が最新の機器分析を駆使して得た研究成果をとりまとめて、科学者自身が解説するというスタイルが従来の学術書執筆の常識でありました。しかし、前述のように科学者自身は植物になりえない事実から、科学者によって明らかにされた研究成果がすべて絶対的真理かどうかは、世界をリードする科学者であればあるほど、常に歯がゆい思いとして胸に去来しているのではないかと推察できます。これが本書の"核心"であります。

本書で、科学者によって得られた研究成果を絶対的真理として解説しがちな内容といえば、序章と第1部から第3部までが相当します。そこで本書では、ここを担当する執筆者の方々にはできる限り研究対象の植物になりきって、植物ならこの研究成果をどう解釈するのだろうかといった命題に想いを寄せてご執筆くださるようお願いしました。読者の皆さんにおかれましても、ぜひ植物サイドに立ってお読みいただければ幸甚です。

まず、植物の生きようを理解するために、序章では「植物と人とのコミュニケーションの歴史」を、第1部では「植物と自然環境とのコミュニケーション」と題して「植物と光とのコミュニケーション」と「植物と極寒とのコミュニケーション」を取り上げました。なお、他の自然環境因子である重力、水、塩などに

対するコミュニケーションについては、前出の『植物の知恵とわたしたち』をご参照ください。

　第2部では「植物と生物（人間以外の動物、異種植物、微生物）とのコミュニケーション」を取り上げました。

　第3部では「人の生命を支える植物とのコミュニケーション」と題して、「世界人口を支える持続可能な農業」「植物起源の医薬品の開発」「植物栽培と精神安定」と「アロマセラピー」を取り上げました。

　さらに第4部では、本書の最も特徴的なテーマでもありますが、日本古来の伝統文化、仏教・茶道や華道、芸術、樹木医、学校教育など、さまざまな時空間で植物と"会話"しておられる方々に、「人と植物とのコミュニケーション」についてご執筆いただきました。

　このような企画は前例がなく、関連分野の専門家のみならず、一般読者の方々にも「植物の多次元コミュニケーション」について関心をもっていただく端緒になれば望外の喜びであります。

　なお、本書出版にあたり、執筆者推薦の労をおとりいただいた、静岡県立大学・産学官連携コーディネーターの鈴木美帆子博士に感謝申し上げます。

2018年12月

長谷川宏司・広瀬克利・井上進

植物の多次元コミュニケーション

目　次

はしがき …………………………………〈長谷川 宏司・広瀬 克利・井上 進〉…*i*

序章　植物と人とのコミュニケーションの歴史 ― 植物遺伝子との対話 ―
　………………………………………………………………〈後藤 伸治〉…*1*
　1. はじめに　*1*
　2. 植物の起源　*1*
　3. 野生植物から栽培植物への変遷　*4*
　4. 突然変異の利用　*5*
　5. 遺伝子操作技術による有用植物の作製　*5*
　6. 今後期待される植物と人とのコミュニケーション　*7*
　7. 植物分子遺伝学に貢献したシロイヌナズナの登場　*8*

第1部　植物と自然環境とのコミュニケーション

第1章　植物と光とのコミュニケーション ……………………………… *16*
　第1節　光合成 ……………………………………〈田幡 憲一〉…*16*
　　1. はじめに　*16*
　　2. 光合成研究の歴史　*17*
　　3. 光合成色素とは　*19*
　　4. 葉緑体のつくりと光合成反応　*21*
　　5. 色素とタンパク質の複合体　*23*
　　6. 光合成反応の速さを決めるもの　*24*
　　7. おわりに　*25*
　第2節　植物と紫外線とのコミュニケーション　………〈竹田 恵美〉…*26*
　　1. はじめに　*26*
　　2. 紫外線から身を守る方法　*28*
　　3. おわりに　*34*
　第3節　植物と青色光とのコミュニケーション
　　………………………………………………………〈長谷川 宏司〉…*34*

1. はじめに　34
2. 光屈性のメカニズムを説明する2つの仮説　36
3. おわりに　44

第4節　植物と日長とのコミュニケーション ─開花─ …〈横山 峰幸〉…47

1. はじめに　47
2. 花が咲くことの意味は何でしょう　47
3. 花はどのようにしてでき、咲くのでしょうか　48
4. 花咲かじいさんがまいた灰の研究史　50
5. 開花のメカニズムに関する最近の研究成果　54

第2章　植物と極寒とのコミュニケーション ─休眠と発芽（秋・冬から春へ）─
……………………………………………〈丹野 憲昭〉…57

1. はじめに　57
2. 冬季の極寒と植物とのコミュニケーション　57
3. 休眠を誘導する休眠物質　60
4. むかごの休眠誘導物質　62
5. ヤマノイモ属植物の内生ジベレリン　63
6. むかごの内生アブシシン酸　65
7. 休眠に関連する遺伝子　67
8. おわりに　68

第2部　植物と生物とのコミュニケーション

第1章　植物と動物とのコミュニケーション ………………〈繁森 英幸〉…72

1. 共に歩んできた歴史　72
2. 特異な関係　76
3. 人の毒にも薬にもなる　77
4. 植物の身を守る術　80
5. おわりに　81

第2章　植物同士のコミュニケーション ……………〈山田 小須弥〉…82
    1. はじめに　*82*
    2. アレロパシー　*82*
    3. 異種植物間のコミュニケーション　*83*
    4. アレロパシーの生物学的意味　*89*
    5. おわりに　*90*

第3章　植物と微生物とのコミュニケーション ……………〈笠原 堅〉…92
    1. はじめに　*92*
    2. エンドファイト　*92*
    3. 微生物叢　*94*
    4. おわりに　*102*

第3部　人の生命を支える植物とのコミュニケーション

第1章　世界人口を支える持続可能な農業 ……………〈穴井 豊昭〉…104
    1. 増え続ける世界人口とそれを支える作物と農業の変遷　*104*
    2. 持続可能な農業と食料生産　*107*
    3. 農作物の品種改良と遺伝子操作技術　*109*

第2章　植物起源の医薬品の開発 ……………〈小峰 正史〉…116
    1. はじめに　*116*
    2. 医薬品としての植物の利用　*117*
    3. 薬用植物による医薬品開発の将来　*120*
    4. おわりに　*125*

第3章　植物栽培と精神安定 ……………〈山本 俊光〉…127
    1. 芸術家と私たち植物　*127*
    2. 私たち植物との関わりから得られるもの　*131*

  3. おわりに　*137*

第4章　アロマセラピー……………………………〈原 千明・富 研一〉…*138*
  1. はじめに　*138*
  2. アロマとは　*139*
  3. 植物とアロマ　*139*
  4. アロマの抽出方法　*142*
  5. アロマの人への作用経路　*143*
  6. アロマの効果　*144*
  7. おわりに　*147*

第4部　人と植物とのコミュニケーション

第1章　仏教を介した人と植物とのコミュニケーション……〈関根 正隆〉…*150*
  1. 仏教の歴史　*150*
  2. 新発田と長徳寺の歴史　*152*
  3. 仏教と植物との関係　*154*
  4. 長徳寺と「堀部安兵衛の手植えの松」　*156*
  5. 仏教における生者と死者、そして植物とのコミュニケーションについて　*157*

第2章　茶道を介した人と植物とのコミュニケーション……〈長屋 梅子〉…*161*
  1. はじめに　*161*
  2. 茶道の歴史　*162*
  3. 茶道の極意　*165*
  4. おわりに　*170*

第3章　華道を介した人と植物とのコミュニケーション……〈前野 博紀〉…*172*
  1. 日本人にとっての「花」　*172*
  2. 「いけばな」の誕生　*173*

3. 植物が教えてくれること　*177*
4. 花の道は人の道　*178*
5. 華のもつ哲学　*180*

第4章　音楽を介した人と植物とのコミュニケーション ……〈岡村 重信〉…*182*
1. 音楽への入り口　*182*
2. 音楽の場所　*184*
3. 楽器と植物　*186*
4. 演奏家（ピアニスト）と植物　*187*
5. 日本の植物と音楽　*189*
6. ベートーヴェン『田園交響曲』　*189*
7. 環境音楽と騒音　*191*

第5章　書道を介した人と植物とのコミュニケーション ……〈鳥塚 篤広〉…*193*
1. 中国における書の始まりとその発達　*193*
2. 植物を題材とした書　*194*
3. 植物と文房具　*197*
4. 植物を題材とした書を書く際に去来するもの　*199*
5. おわりに　*202*

第6章　樹木医から見た人と樹木とのコミュニケーション　〈松浦 邦昭〉…*203*
1. はじめに　*203*
2. 人と樹木とのふれあい　*203*
3. 樹木の生命とそれを脅かすもの　*205*
4. 樹木の健康と生命を守る　*211*
5. おわりに　*213*

第7章　山水草木 ……………………………………〈吉葉 美地子〉…*214*
1. はじめに　*214*

2. 桜川周辺に息づく植物たち　*215*

　　3. 私たち人間の生活を支える植物たち　*222*

第8章　教育現場における生徒と植物 …………………〈東郷 重法〉…*224*

　　1. はじめに　*224*

　　2. "植物の知恵"の仕組みの謎解きを通した植物とのコミュニケーション　*225*

　　3. 学校教育における植物との関わり　*226*

　　4. 植物の授業を通して学んでほしいこと　*228*

　　5. 課外活動における農業体験　*231*

終章　「プラント」による、ある科学者へのインタビュー
　　　　………………………………………………〈インタビュア：プラント〉…*234*

　　1. ナガイモ　*234*

　　2. 桜島大根　*236*

　　3. クレス　*240*

執筆者紹介………………………………………………………………………*244*

序　章

植物と人とのコミュニケーションの歴史
— 植物遺伝子との対話 —

1. はじめに

　私はシロイヌナズナというアブラナ科の小さな草本植物です（図序-1）。春の七草として食卓に上るナズナの仲間です。しかし、ナズナのような味も香りもなく、野菜としても使い物にならず、道端にひっそり生育している雑草です。この私が、ある日突然、人の植物科学者の間で人気者になり、運命が大きく変わりました。詳しくは最後の項目で紹介します。
　本章では、私たち植物と人とのコミュニケーションの歴史についてお話しします。

2. 植物の起源

（1）植物と人の起源

　約38億年前、雷の放電、紫外線などのエネルギーによって、海の中でアミノ酸、核酸塩基、糖などの有機物が生じ、さらに細胞らしきものが生まれました。約30億年前、シアノバクテリア（藍藻）という単細胞が、光合成によって無機物の二酸化炭素と水から酸素と有機物の糖をつくるようになり、植物の祖先が誕生しました。シアノバクテリアが酸素をつくるようになると、その酸素を利用して、呼吸によってエネルギーを生産する生物も生まれました。そして、約16億年前、核をもった真核生物が生まれました。さらに9～10億年前、

図序-1　シロイヌナズナ
左：成体、右上：ロゼット、右下：抽だい7日後

それらから多細胞生物が誕生します。

　このような生物の進化は海中で起こりました。陸上は強い紫外線の放射によって、生物は生きていられませんでした。しかし、シアノバクテリアの光合成によって生産された酸素から、紫外線の作用でオゾンが生じ、それが大気上空に上ってオゾン層を形成します。紫外線はオゾン層によって吸収され、地上にはあまり届かなくなりました。その結果、紫外線が少なくなった地上でも生物が生きていけるようになり、約5億年前、植物の緑藻類が最初に上陸しました。その後、体を支える根や茎をもつシダ植物が誕生しました。植物に続いて節足動物などの無脊椎動物が上陸し、約4億年前に脊椎動物が誕生しました。約6500万年前、人類の祖先の霊長類が誕生し、600〜700万年前、人類は他の霊長類とは異なった独自の進化を始めました。

　このような生物の進化の過程を見ると、人類は植物とは比較にならない新参者です。人類は、最初から衣食住の全般にわたって植物に頼って生きていくほ

かありませんでした。人は、果実や種子を採集したり、狩猟で得た動物を食べて生きのびていました。衣服や住居も植物に頼っていました。ここでは主に食料として植物がもたらす恩恵についてお話しします。

(2) 植物と人の交流

人は当初、植物を採集して食べていましたが、そのうちに採集した食料を貯蔵することを学びました。また、採集の手間を省くために、身近で栽培して食料を得ることを知りました。

人が植物を栽培する以前にも、植物は自然に交雑して遺伝子の交換を行っていました。そして、そこの環境に適した植物が、元の植物と分かれて亜種や変種となりました。こうして自然選抜されて分岐した植物は、必ずしも初めから人間の役に立つ性質をもつものではありませんでした。そこで、人は植物のさまざまな形質の中から、自分たちにとって都合の良いものを選んで栽培するようになります。こうして、人は遺伝子（形質）を介して植物とコミュニケーションをとるようになりました。

栽培植物のうち、食料のイネについて考えてみましょう。もともと、人は実ったイネの種子を採集して食べていました。種子は季節によってなくなる時期があり、その時期は食べることができません。そこで、収穫時に多く採種して貯蔵することを考えました。また、採集のために遠くまで出かける苦労を省くために、栽培することを思いつきました。野生イネには、種子が茎から落ちやすい、休眠性が強く発芽がバラバラなど、人にとって都合の良くないいろいろな短所があります。これらの性質は植物の生活や子孫の繁栄にとって必要なものですが、人にとっては都合の悪い欠点でした。そこで、人は多くの野生イネの中から栽培や食料に都合の良い形質をもつ変わりもの（突然変異体）を見つけて、それを系統として代々植えついで保存することを学びました。

コムギも重要な食料植物です。現在栽培されている普通系コムギが、どのようにして遺伝子を改変して栽培系統になったかについては、「コムギの歴史は染色体に刻まれている」と語った木原均氏が有名です。彼は、いくつもの野生コムギの変種は、自然交雑による遺伝子（ゲノム）の交換と合体によって生じ

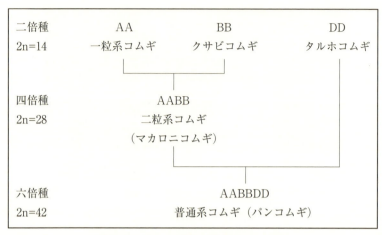

図序-2　コムギ3群の起原とゲノム構成
（田中正武著『栽倍植物の起原』より）

ることを明らかにしました（図序-2）。

3. 野生植物から栽培植物への変遷

　人は遺伝子を介して野生植物と交流し、栽培植物につくり変えました。栽培と選抜を繰り返し、植物の遺伝子を変えて人に好都合な形質をもつ系統をつくり出しました。こうして栽培植物は、人の手を借りなければ生活環を全うすることができなくなるほど自らの遺伝子を改変され、人に奉仕するようつくり変えられました。人が植物を栽培することを学び、植物の特性と遺伝子を通じてコミュニケーションを交わしながら、食料や衣服や住居として利用することは文明の誕生の時から続いてきました。例えば、重要な主食作物となるイネは紀元前7500年頃に中国・インドで、コムギは紀元前8500年頃に南西アジア（現在のイラクの辺り）で発祥したといわれています。しかし、人が、植物が変異することを知って、意識的に形質を改変して利用可能な品種に改良・育成するようになったのは、ずっと後の18世紀に入ってからといわれています。

4. 突然変異の利用

　突然変異は、遺伝子や染色体が変化することによって起こります。栽培によって自らの衣食住に都合の良い植物を得るようになった人間は、初めのうちは自然に起こった突然変異体を見つけて利用しました。しかし、このような突然変異は自然界でまれに生じますが、その頻度はきわめて低く、わずかに得られた突然変異体を利用するか、交雑による育種法を使うかして、役に立つ植物を得るしかありませんでした。

　20世紀に入ると、種々の化学物質が突然変異を起こすことがわかり、人為的に突然変異を起こさせることによって新しい作物品種をつくり出す方法がいろいろ研究されました。ガンマ線などの放射線も突然変異を誘発させることがわかりました。日本では、茨城県常陸大宮市にあるガンマフィールドが有名です。化学物質や放射線は、植物にダメージを与えることが多いのですが、それらの中で人間に役立つように突然変異する場合もまれにあります。それらの変異植物を慎重に選抜して、主要な食料作物や野菜などの有用植物が改良されました。

5. 遺伝子操作技術による有用植物の作製

（1）細胞雑種

　人は植物の遺伝子に働きかけて改変し、生活に役立つようにつくり変えてきました。1960年代になって、ニンジンの根の組織を培養し、1個の細胞から新しい植物体（クローンニンジン）を分化させることに成功しました。

　植物は、細胞壁という硬いセルロース膜で囲まれているため、細胞膜どうしが接着することはできません。そこで、酵素によって細胞壁を溶かします。こうすると、動物細胞と同じように細胞膜だけで囲まれた細胞（プロトプラスト）ができます。これをポリエチレングリコールという薬剤を溶かした液に入れると、接触している細胞どうしが融合して融合細胞をつくります。このとき、他種の細胞と融合させたいわゆる細胞雑種は、条件を調えると分裂を繰り

返して根や茎が分化し、ついには新しい雑種植物が育ちます。この方法で、「ポマト」というジャガイモとトマトの細胞融合雑種がつくられました（1978年）。

（2） 遺伝子組換え植物

　私たち植物は、実は人よりも昆虫や他の生物たちとのコミュニケーションを好みます。昆虫は植物から花蜜をもらい、そのかわり、植物の花粉を運んで生殖を助けるギブアンドテイクの関係を持っています。また、昆虫やある種の細菌は、植物の葉や茎や根に卵を産んだり、コブ（虫えいや菌えい）をつくって住み家にします。その中に植物の根元にコブをつくる細菌（アグロバクテリウム）があります。これは環状の遺伝子DNAのほかに大きなTi-プラスミドというDNA環を持っています。その一部のT-DNAと呼ばれる部分を植物細胞に入れると、T-DNAは組換えによって植物のゲノムに挿入されます。植物に組み入れたいDNAをT-DNAにつないでおけば、一緒に植物の核ゲノムに入ります。このアグロバクテリウムを用いて遺伝子組換え植物の作製が行われました（図序-3）。

　初めて遺伝子組換えでつくられた植物は、ウイルス抵抗性をもつタバコ（1986年）でした。初期には「日持ちの良い」トマトがつくられました。これは、細胞壁ペクチンを分解する酵素の生成を阻害して、果実が熟すのを遅らせるようにDNAを改変したものです。また、害虫抵抗性のトウモロコシやジャガイモ、除草剤抵抗性のダイズやナタネなどもつくり出されました。日本では青色のバラが作出されています。これは、パンジーの青色色素をつくる酵素遺伝子をバラの細胞に導入してつくったものです（2004年）。

　このように、遺伝子操作により自然界にはない動物や植物をつくり出すことは、さまざまな議論を呼び起こしました。遺伝子操作の利点としては、植物では、世界人口の増加に対する持続可能な食料生産などがあります。また、欠点としては、食料生産技術の独占は、発展途上国の人々の生活を支配する危険性をはらんでいます。さらに、遺伝子にメスを入れることは自然への冒涜であるとの批判や、遺伝子組換え食物は人の健康や遺伝に有害であるとの批判も根強くあります。自然環境への影響も指摘されています。

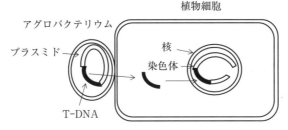

図序-3 アグロバクテリウムのプラスミドを用いた
遺伝子組換え植物の作成

6. 今後期待される植物と人とのコミュニケーション

(1) 遺伝子組換え技術からゲノム編集へ

　近年、ゲノム編集という新たな遺伝子改変技術が導入され、植物の育種のみならず、家畜、魚など動物の育種や、人の病気を治す医療、医薬品の分野での利用が急速に進みつつあります。ここでは植物（作物）のゲノム編集について紹介します。

　ゲノムとは、ある生物を構成する染色体またはそれに含まれるDNAの全体をいいます。例えば、私（シロイヌナズナ）のゲノムは5本の半数染色体に収まっており、その中には約1億1,500万の塩基対が含まれています。ゲノム編集は、このDNAに刻まれた情報を狙った個所で切ることによって、そのはたらきを止めたり、その個所に他の遺伝子を組み入れたりする技術です。また、ゲノムの中にある複数の遺伝子を同時に改変することもできます。それはまるで、文章をカットアンドペーストして編集する技術のようです。ゲノム編集技術によって、人は、DNAという生物の設計図を自在に改変できるようになったといわれます。

(2) クリスパー・キャスナイン（CRISPR/Cas9）[1] の出現

　ゲノム編集技術は、いくつかの歴史的段階がありますが、第三世代といわれるクリスパー・キャスナインが最も広く世界中に普及しています。「クリス

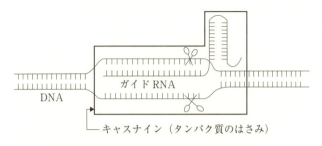

図序-4　クリスパー・キャスナインの構造

パー」を最初に報告したのは日本の石野良純（大阪大学、1987年）でした。彼は、大腸菌で短いDNA鎖が何回も繰り返しているという奇妙な配列を発見しました。当時はその働きは不明でしたが、2000年代になり、このクリスパー配列が細菌の免疫機能と結びついていることが判明しました。

クリスパー・キャスナインの仕組みは、遺伝子配列を認識するRNA（クリスパー配列）とDNAを切る酵素（キャスナイン）をつないだものです。このセットを動物、植物、人などの細胞に入れると、DNAの中の標的とする遺伝子を切断することができます。また、別の遺伝子をDNAに挿入することもできます。これがゲノム編集の骨格です。この技術によって遺伝子の改変が簡単に、また短時間でできるようになりました。図序-4にクリスパー・キャスナインの構造を示しました。

クリスパー・キャスナインのゲノム編集技術を用いて最初に実用化された作物は、時間が経っても褐色に変色しないマッシュルームというきのこでした（2015年、米国で開発）。その後、除草剤耐性の形質を持たせたナタネ、除草剤耐性ジャガイモ、日もちの良いトマトなども作出されています。

7. 植物分子遺伝学に貢献したシロイヌナズナの登場

（1）シロイヌナズナの出自

ここで、ようやく私（シロイヌナズナ）の出番になりました。私は、近年実験モデル植物として注目されています。それは主に私の遺伝子を介した人

間とのコミュニケーションによるものと思われます。まず、私の出自をめぐる人間との交流をお話しします。私はアブラナ科に属し、学名は *Arabidopsis thaliana* (L.) Heynh. といいます。私の発祥の地は中央アジア、ヒマラヤの西側地域と考えられています。名前をつけてくれたのはあの有名なリンネ[2]です。また、"Heynh." は私の学名を決定したヘインホールド（Heynhold）に由来します。Arabidopsis 属（シロイヌナズナ属）と Arabis 属（ハタザオ属）は非常に近いため、これらをどのように区別するか、いろいろ議論されています。近年盛んに用いられる APG 分類体系[3]では、ゲノム DNA の類似性を比較した結果、シロイヌナズナ属に属する植物は9種、7亜種があり、この属には、従来ハタザオ属に分類されていたハクサンハタザオ、ミヤマハタザオ、タチスズシロソウなども仲間に入っています。

　私は、普通、秋に発芽して翌春に花をつけ、大急ぎで種子をつくり早々に枯れて、他の植物に席を譲ります。このため、私は「早がけ植物（tachy-plant）」と呼ばれることもあります。

（2）シロイヌナズナ研究の歴史

　私を遺伝や生理の研究材料として初めて用いたのは、私の全数染色体が10本であることを発見したドイツのライバッハ（1943年）といわれています。1964年にシロイヌナズナの研究情報誌、Arabidopsis Information Service（AIS）が発行されるようになりました。AISの事業の一つとして種子銀行（Seed Bank）が開設され、世界中の野生型や突然変異系統を収集し、研究者へ供与しました。私をテーマにした国際的な研究会も開かれており、2010年横浜で開かれた21回大会には約1,300人が参加しました。

　私がこのように多くの研究者に用いられるモデル植物になった訳をお話しします。きっかけは、1985年に米国の科学週刊誌サイエンスに発表されたミエロヴィッツ（米国）らの論文でした。この論文は、「シロイヌナズナと植物分子生物学」という題で、「この植物は分子遺伝学にとって絶好の材料になる特性を持っている。核ゲノムが小さく、DNAの繰り返し配列がほとんどない。また、生活環が4〜5週と短い。加えてホルモン合成や反応性に関わる突

然変異体や、酵素活性、発育形質などに関する変異系統が多数存在する」との論旨でした。その後、私を用いた研究は飛躍的に増加します。日本では、それまで私の名はあまり知られていませんでしたが、この頃から研究材料として急速に利用されるようになりました。

（3） DNA 全塩基配列の解読

　実は、私は、突然変異体の作製が容易なことなどから、1980 年代から「植物のショウジョウバエ」とか、「植物の大腸菌」と呼ばれ、遺伝学の分野ではモデル植物として注目されていました。そこで、私の核 DNA の全塩基配列を解読しようという国際的な組織ができ、各国が分担して解析に取り組みました。日本では、かずさ DNA 研究所が参加しました。その結果、2000 年 12 月に解読が完了しました。5 本の半数染色体 DNA に含まれる塩基対は、約 1 億 1,500 万（遺伝子数は約 2 万 7 千個）で、ゲノム量の少なさが際立っています。ちなみに、2004 年に全塩基配列の解読が完了したイネは、約 3 億 7,100 万塩基対、2 万 8,662 遺伝子となっています。イネのゲノム量はシロイヌナズナの約 3 倍ですが、作物植物の中では少ない方です。例えば、コムギは 170 億塩基対、トウモロコシは 23 億塩基対と推定されています。

（4） ピン突然変異

　私の仲間には、形態や生理に関するいろいろな突然変異体がありますが、その中に、ピン突然変異体（pin mutant）と呼ばれる変異体（図序 -5）があります。この植物は、ドイツのクランツの AIS ストック中にあったものから、日本の後藤伸治（宮城教育大学）が見つけたものです。アントシアン色素をもたず、毛がなく、明るい緑色の葉や茎をもち、種子も黄色です。この系統は、花の形が奇形で花弁やおしべを欠き、茎だけがヒョロリと伸びたりします。そして、茎の先端がピンのように尖ったまま上を向くものも多くできます。このピン形質は 3：1 のメンデル式遺伝で生じます。異型の茎の横断面は平べったいものが多く、維管束の分枝のしかたが古代植物のテロム[4]に似ていることから、先祖返りしたものではないかと考えられました。その後、ピン植物で

現れる異型は、実は植物ホルモンのオーキシンの極性移動(茎頂から基部への移動)が正常に行われないように遺伝子が変異したために起こることが、岡田清孝(京都大学)、上田純一(大阪府立大学)らによって明らかにされました。最近は、このピン遺伝子は茎のオーキシンの極性移動ばかりでなく、根の細胞分裂や、葉や花の発育など、さまざまな形態形成に関与していることがわかってきました。

　私は、アブラナ科の原則通り、外側からがく片4枚、花弁4枚、おしべ6本、めしべ1個を生じます。ところが、ピン突然変異体は花器官にさまざまな奇形を生じます。がく片や花弁を欠いたり、花弁がおしべに変形したり、おしべの位置に花弁ができたりします。しかし、これらの花器官の中で、めしべ(心皮)が他の花器官に比べてとりわけ多く生じるという特徴があります。茎の先端が尖らずに三味線のバチのように平たくなるものがありますが、そのバチの先に多数の心皮が発生します(図序-5)。これらの心皮は未熟で種子をつくることはありませんが、めしべ(心皮)のサヤの中に未発達な胚珠が観察されることがあります。これらの現象から、後藤(宮城教育大学)らは、ピン遺伝子は心皮を発生させるはたらきが他の花器官を発生させるはたらきよりも強く発

図序-5　シロイヌナズナピン突然変異体
左:全体、右:平たくなった茎頂にできた心皮群

現するものと考えています。

（5）シロイヌナズナ遺伝子と他の植物遺伝子との照合

近年、植物のはたらきの分子的機構を説明する際、遺伝子の構造から解明する手法が多くなってきました。そのような場合、当該植物の遺伝子を取り出してその塩基配列を私の遺伝子と照合して議論する場合がしばしば見受けられます。私の遺伝子には、多くの耐病性遺伝子や栄養要求性遺伝子が含まれていることから、私の遺伝子構造を参照して、人間の役に立つ植物の有用遺伝子を効率良く探し出すことも可能になりました。その遺伝子が私（シロイヌナズナ）の体内ではたらく様子から、その植物での遺伝子作用を推定・確認するという手法です。現在、モデル植物としての私の遺伝子センターは、米国のオハイオ州立大学、英国のノッチンガム大学、日本の理化学研究所バイオリソースセンター（つくば市）の3カ所にあります。これらのセンターは現在も精力的に活動しており、今後とも私が実験モデル植物として活躍する舞台は続くものと思われます。

注
1) CRISPR/Cas9：Clustered Regularly Interspaced Short Palindromic Repeats/CRISPR associated protein 9 の略。CRISPR は標的 DNA に特異的に結合する RNA。Cas9 は特定の塩基配列の個所で DNA を切断する制限酵素。CRISPR/Cas9 はガイド RNA と DNA 切断酵素の複合体。
2) リンネ（Carl von Linne, 1707～1778）：スウェーデン ウプサラ大学教授。生物を属と種の組み合わせとして表現する二命名法を確立した。
3) APG 分類体系：被子植物をゲノム解析によって分類体系を構築する分類法。APG (Angiosperm Phylogeny Group)：ゲノムによる分類体系を研究する植物学者グループ。
4) テロム説（telome theory）：茎と葉の分化に関する学説で、古代植物の維管束が二叉に分かれることを繰り返す分枝のしかた。二叉に分かれた分枝をテロムと呼ぶ。例えば、イチョウの葉はすべての葉脈が二叉分枝からなり、扁平なテロムが互いに癒合したものと考えられる。

序　章　植物と人とのコミュニケーションの歴史 ― 植物遺伝子との対話 ―

参考文献
高橋成人『イネの生物学』大月書店、1982 年
田中正武『栽培植物の起源』日本放送出版協会、1975 年
ジャレド・ダイアモンド著、倉骨彰訳『銃・病原菌・鉄（上）』草思社文庫、2012 年
石井哲也『ゲノム編集を問う ― 作物からヒトまで』岩波新書、2017 年
小林雅一『ゲノム編集とは何か ― DNA のメス・クリスパーの衝撃』講談社現代新書、2016 年
ニコラス・ハーバード著、塚谷祐一、南澤直子訳『植物を考える ― ハーバード教授とシロイヌナズナの 365 日』八坂書房、2009 年

第1部
植物と自然環境とのコミュニケーション

　自然環境因子として光と冬季の極寒を取り上げ、科学者によって解明された「植物と自然環境とのコミュニケーションのメカニズム」について、植物サイドに立って解説していただきました。第1章の光については光合成、紫外線に対する防御反応、片側からの青色光照射によって誘導される運動や日長変化によって誘導される開花のメカニズムを取り上げました。また、第2章の極寒とのコミュニケーションについては休眠を取り上げました。

第1章
植物と光とのコミュニケーション

第1節 光 合 成

1. はじめに

　農耕や牧畜によって始まった人による自然破壊は、産業革命を契機とする工業の発達と人口の増加によって加速度的に進みました。森林の面積が減少するとともに、化石燃料と呼ばれる石炭や石油を燃やすことによって、大気中の二酸化炭素濃度が高くなり地球温暖化が進んでいます。現在では、温暖化による海水の体積膨張と南極大陸やグリーンランドなどの氷河の融解によって海面が上昇し、南太平洋の島国が沈むことが心配されるまでになりました。
　20世紀の半ばから、このような自然破壊に対する人自身の警鐘も目立つようになってきました。レイチェル・カーソンの『沈黙の春』やローマクラブの『成長の限界』などがその例です。
　人は、太陽光発電など自然エネルギーの活用についても研究を発展させています。けれども、私たち植物などが行う光合成によって獲得した太陽のエネルギーが、食物網を通じて地球上の生命活動の源となっていることを、そして光合成が温暖化の原因となっている二酸化炭素を吸収する反応であることを、人にはもう一度考えて欲しいのです。
　本節では、光合成について、光合成研究の歴史、光合成色素、葉緑体のつくりと光合成反応、色素とタンパク質の複合体、光合成反応の速さを決めるもの、といった項目を通して、できる限り平易に解説していきたいと思います。

2. 光合成研究の歴史

　光合成研究の歴史については、わかりやすい道筋にまとめあげることができるので、理科教科書にしばしばとりあげられています。ここでは、主として宇佐美正一郎の『緑と光と人間』を参考に、中学校までの段階で学習する光合成反応の発見について記してみたいと思います。

　17世紀ごろまでのヨーロッパ世界では、私たち植物は地中の栄養を摂取して生きていると人間は考えていたようです。ギリシャの哲学者、アリストテレス（B.C.384～B.C.322年）の考え方に影響を受けたものです。私たち植物には窒素、リン、カリウムなどの栄養が地中から供給されていますが、アリストレスの考え方の栄養は意味が異なり、私たち植物のからだをつくる主な物質という意味です。

　偉大なアリストテレスの「植物は地中の栄養を摂取して生きている」という考え方を打ち破ったのは思弁的な論考ではなく、実験でした。ブリュッセルに生まれたヘルモント（1577～1644年）は、乾燥させた土200ポンドを鉢に入れ、5ポンドのヤナギの枝を挿し木して、5年間栽培しました。特に肥料は施さずに灌水のみで栽培したようです。ヤナギは成長して169ポンド3オンスになりました（1ポンド＝16オンス≒454グラム）。けれども、ヤナギを育てた鉢の中の土を乾燥させて重量を量ってみると、5年間の間にわずか2オンスしか減少していなかったのです。このことからヘルモントは、水が植物のからだとなったと結論づけました。光合成の反応で有機物が合成される際に、水は水素の供与体として重要なはたらきをします。その意味ではヘルモントは光合成反応における水の役割に言及したともいえるのですが、本来、ヘルモントの実験が示したことは、アリストテレスの「植物は地中の栄養を摂取して生きている」という考え方の否定なのだと思います。

　プリーストリー（イギリス　1733～1804年）は、燃焼とは、フロギストンと呼ばれるものが物質から出て行く現象であるという、フロギストン説の信奉者でした。プリーストリーはろうそくを燃やしたのちの空気を、ハッカとともに密閉した容器に入れておくと、またろうそくを燃やす空気となることや、

ハッカを入れておいた容器にネズミを閉じ込めても窒息しないことを発見しました。植物が酸素を発生するという現象ですが、プリーストリーは植物が発生する気体を「脱フロギストン空気」と呼びました。フロギストンが物質から出てきやすい環境をつくる空気という意味です。

　燃焼が、酸素と燃料となる物質が結びつく現象であることや、脱フロギストン空気が酸素であることを示したのはラボアジェ（フランス　1743〜1794年）による研究の成果でしたが、プリーストリーが私たち植物が酸素を出すことを発見したことには変わりがありません。

　私たち植物を水に沈め、光を照射すると緑葉から酸素の気泡が出てくるという実験が、中学校や高等学校の理科の授業で活用されることがあります。この実験から、酸素の発生に光が必要であることを明確に示したのは、インヘンハウス（オランダ　1730〜1799年）です。インヘンハウスは植物から酸素が出てくる速さが、照射する光の強さに依存する、つまり強い光を照射するとたくさん酸素が出てくるということも発見しました。さらに、スイス人のセネビエ（1742〜1809年）は、インヘンハウスの実験を深めて、植物に光を当てると酸素が出てくるためには、水中に二酸化炭素が溶け込んでいることが必要だということを示しました。

　セネビエの実験に興味を持ったスイス人のソーシュル（1767〜1845年）は、定量的な測定をもとに、光合成によって吸収される二酸化炭素だけでは植物の重量の増加が説明できないことから、水や水に含まれる微量成分も植物のからだになっていくことを示しました。

　読者のみなさんの中には、表面にアルミホイルを置いて光の当たらない部分をつくった葉を光に当て、アルコールや漂白剤で脱色した後にヨウ素溶液に浸すと、光が当たったところだけが黒っぽく染色されるという実験をした方はいらっしゃいませんか。デンプンを検出するヨウ素デンプン反応です。この実験は、19世紀にザックス（ドイツ　1832〜1897年）が光合成の初期産物がデンプンであることを確認した実験です。

　このような研究から、私たち植物が、光のエネルギーを使って二酸化炭素と水からデンプンを合成し酸素を発生する反応、すなわち光合成を行うと考えら

れるようになりました。

3. 光合成色素とは

葉や茎に含まれる色素が、太陽光に含まれる可視光の成分のうち、赤や青の光を高い効率で吸収します。葉に吸収された光は、光合成反応のエネルギー源となります。一方、緑色光など吸収されなかった光が葉の表面で反射したり葉の裏まで透過したりして人の眼球に届き、人に緑色の色彩感覚を引き起こします。

私たち植物や、光合成を行う原生生物、光合成細菌のからだに含まれ、光合成のエネルギー源となる光を捕集する色素には、クロロフィル、フィコビリン、カロテノイドがあります。これらの色素は、おおざっぱには、2つの分子の組み合わせでできています。

1つめはピロール環と呼ばれる分子です（図1-1）。5つの原子が骨格となる5員環と呼ばれるつくりをしています。1つの窒素と4つの炭素で基本骨格はできています。

クロロフィルは、このピロール環が4つ（テトラ）集まって大きな環をつくった、閉環テトラピロールと呼ばれる構造を基本とします。中心にはマグネシウムが結合しています。またフィトールと呼ばれるアルコールの鎖が、しっぽのようについています（図1-2）。

図1-1 ピロール環

ところで閉環テトラピロールにマグネシウムでなくて鉄が結合すると、ヘムと呼ばれる構造になります。ヘムは、細胞内での酸化還元反応に関係するチトクロムや、人間の体内で酸素を運ぶヘモグロビンの、重要な部分を構成します。人の血液の赤を発色する色素です。人の血液の赤と私たち植物の緑を発色する色素が似通った構造をしているのです。

図1-2 クロロフィルの基本構造
閉環テトラピロールの中央にマグネシウムが配位し、フィトールの鎖が付加しています。

図1-3　開環テトラピロール
ピロール環が4つつながった構造です。光合成色素のフィコビリンや私たちの体内でつくられるビリルビンの基本的な構造です。

ヘムがつくられる道筋とクロロフィルがつくられる道筋は、マグネシウムまたは鉄が結合する直前まで同じです。その後マグネシウムが結合すればクロロフィルへ、鉄が結合すればヘムへと、合成の道筋が分かれていきます。

クロロフィルには、私たち植物の仲間に見られるクロロフィルa、クロロフィルbのほか、光合成細菌と呼ばれる生物に見られるバクテリオクロロフィルaなど、さまざまなクロロフィルがありますが、いずれも閉環テトラピロールを基本的な骨格としています。

4つ集まったピロール環が、大きな環をつくらない、開環テトラピロールと呼ばれる色素も光合成に関与しています（図1-3）。フィコビリンと呼ばれる色素です。フィコビリンはスサビノリのような紅藻などや、アオコやイシクラゲなどのシアノバクテリアに含まれています。フィコビリンにもフィコシアノビリンやフィコエリトロビリンなどと呼ばれるいくつかの種類があります。それぞれタンパク質と結合して、青色のフィコシアニンや赤色のフィコエリトリンなどと呼ばれる色素タンパク複合体を形成します。

シアノバクテリアの中には、緑色の光で育てると、緑色をよく吸収する赤色のフィコエリトリンをたくさんつくるために赤くなり、赤い光で育てると反対に青緑色になる種類も知られています。生物の光適応の教材として紹介されたこともあります。

フィコビリンと同じ開環テトラピロールの構造をした物質が人の身体にも含まれています。ビリルビンと呼ばれる物質で、肝臓でヘムが分解されてつくられるものです。胆汁とともに肝臓から分泌され、胆嚢に貯蔵されて十二指腸に分泌される褐色の物質です。人間の大便の色を呈色する色素です。

熟れたトマトの赤い色や、秋の光に輝くイチョウの葉の黄色を発色しているのはカロテノイドと呼ばれる色素です。基本的には、イソプレンと呼ばれる炭素が5つ結合した（構造式は　$CH_2=C(CH_3)CH=CH_2$）物質が8つ連なった

構造をもつ物質です。カロテノイドのうち、炭素と水素だけでつくられるものをカロテンと呼び、酸素を含むものをキサントフィルと呼びます。

クロロフィルに結合しているフィトールの基本的なつくりも、カロテノイドのつくりとよく似ています。フィトールがからだの中で合成される道筋は、途中までカロテノイドが合成される道筋と共通です。

人の眼球の網膜で光を感じる視細胞にはレチナールという物質があり、光を感じる働きに関連しています。レチナールはβカロテンからつくられます。そのほかにも、フラミンゴやエビ、コイの赤い色、バナナの皮の黄色など、カロテノイドやカロテノイドからつくられる物質は、生物の世界に広く分布しています。

光合成反応は、私たち植物の特徴的な反応ですが、それに関わるクロロフィルやフィコビリン、カロテノイドなどと同様なあるいは似通った構造をもつ分子は、人など動物の身体にもあります。また、光合成色素であるクロロフィル、フィコビリン、カロテノイドのつくりを要素に分けると、ピロール環とイソプレンに行きつきます。ピロール環やイソプレンが組み合わさったり、それらのちょっとしたつくり、結合するタンパク質などが変わったりすることにより、光合成のほか、人などの動物の体内の酸素の循環や視覚など、多様な生物の反応に関与する分子ができあがります。

4. 葉緑体のつくりと光合成反応

光合成反応は緑藻やシアノバクテリアなどでも見られる現象ですが、ここでは私たち植物の葉緑体で起こる、光合成について説明します。

顕微鏡で葉の細胞を観察すると、丸い緑の粒（葉緑体）が見えます。光を当てた後の葉をヨウ素溶液に浸すと葉緑体が黒く染まりますが、葉緑体で光合成が起こりデンプンが合成されることを示すものです。

葉緑体は二重の包膜で囲まれていて、中にはチラコイド膜と呼ばれる袋状の構造があります（図1-4）。包膜で囲まれた空間のうち、チラコイド膜の外側をストロマと呼びます。また、チラコイド膜が積み重なった部分をグラナチラ

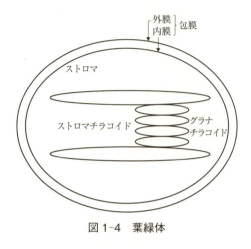

図1-4　葉緑体

コイド、重なりのないチラコイド膜の部分をストロマチラコイドと呼びます。

光合成反応は、大まかには光のエネルギーを使って、二酸化炭素に水素を付加してデンプンもその仲間である炭水化物を合成する反応です。このときに酸素が発生します。

上に挙げた光合成反応は一度に起きるわけではありません。さまざまな反応が葉緑体のつくりと関連して起こるのです。

光のエネルギーを捕まえて水を分解して酸素を発生する反応は、主としてグラナチラコイドに存在する、光化学系IIと呼ばれる色素とタンパク質の複合体で起こります。二酸化炭素に付加する水素はNADP（ニコチンアミドアデニンジヌクレオチドリン酸）と呼ばれる物質に水素が付加したNADPH（NADPの還元型）から供給されますが、NADPに水素が結合する反応は、主としてストロマチラコイドに存在する、光化学系Iと呼ばれる色素とタンパク質の複合体で起こります。このときにも光のエネルギーを捕まえて活用します。

水を分解する際に取り出された電子は、光化学系IIから光化学系Iを通ってNADP（正確には酸化型：$NADP^+$）まで流れていきます（図1-5）。これらの反応の過程でチラコイド膜の内側にたまった水素イオンがチラコイド膜の外側に出て行くときに、エネルギーの通貨と呼ばれるATP（アデノシン三リン酸）が合成されます。つまり、光のエネルギーを捕まえる場所、酸素を発生する場所、光のエネルギーを使ってNADPHやATPを合成する場所はチラコイド膜にあるのです。

一方、NADPHやATPにため込まれた、水素やエネルギーを使って二酸化炭素に水素を付加して炭水化物をつくる反応系である、カルビン－ベンソン回路はストロマにあります。

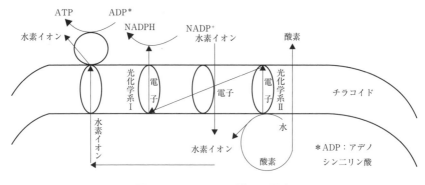

図1-5　チラコイド膜での反応

5. 色素とタンパク質の複合体

　カロテノイドやクロロフィルが吸収した光のエネルギーは、電子を移動させる光化学反応に使われるのですが、直接電子の受け渡しに関与する反応中心と呼ばれるクロロフィルは、クロロフィル全体のほんの一部です。カロテノイドや大部分のクロロフィルはもっぱら光のエネルギーを集めて、光化学反応を引き起こすクロロフィルにエネルギーを渡す役割を果たしています。

　光合成に関わるカロテノイドやクロロフィルはチラコイド膜の中のタンパク質に組み込まれて、色素タンパク複合体をつくっています。タンパク質の決まった場所には決まった色素が結合しています。これらの色素の組み合わせによって、さまざまな色素が捕まえた光のエネルギーが効率的に反応中心のクロロフィルに伝わり、水を分解して電子を取り出し酸素を放出したり、NADPに水素を結合させるなどの、光合成に特徴的な反応が起きるのです。また、タンパク質のつくる環境の影響や近接するクロロフィルとの相互作用により、クロロフィルの吸収する光の波長が変わります。多様な波長の光を吸収できるようになるのです。反応中心のクロロフィルも、有機溶媒などで抽出してしまえば特別のクロロフィルではありません。タンパク質という構造の中で、光化学反応を引き起こす特別なクロロフィルとして働くのです。

　養殖業者によって刈り取られたワカメはいったん湯で処理されますが、この

ときにワカメの色は一瞬で褐色から緑色に変化します。褐藻類特有のカロテノイドであるフコキサンチンを含む色素タンパク複合体が熱のために変性して、ワカメのからだが緑色に見えるようになるのです。

6. 光合成反応の速さを決めるもの

　近年、大気中の二酸化炭素の濃度がだんだん高くなってきています。化石燃料と呼ばれる石炭や石油を燃料として消費することが大きな要因です。二酸化炭素は温室効果ガスですので、このために地球の大気の温度が上昇し、地球環境に影響を及ぼします。では、このようなことは、私たち植物の光合成にはどんな影響があるのでしょうか？

　光合成の反応が支障なく進むためには、光、水、二酸化炭素、適切な温度などの環境が整っていることが必要です。どれくらいの速さで光合成が進むかは、これらの中で最も不足している要因によって決まります。

　光をだんだん強くしていくと、それに比例して光合成の進み方が速くなります。けれどもあるところで、それ以上光が強くなっても光合成の進み方が速くならない点が出てきます。光飽和点といいます。このような状態になっても、二酸化炭素濃度を高くすると光合成の進み方が速くなります。今度は二酸化炭素の濃度が不足している状態になったのです。最も不足している要因が光合成の進み方を決定するので、この要因のことを限定要因といいます。

　日本の野外では、イネやダイズなどの多くの植物では、しばしば二酸化炭素が光合成の限定要因になっています。晴れた真夏の日中には、10万ルクスくらいの強さの太陽光が地表に降り注ぐのですが、空気中の二酸化炭素の濃度が低くてこの光を使い切れないのです。また、冬になると多くの草本は枯れてしまいますが、温室の中では元気に生育しています。こう考えると、現在よりも大気中の二酸化炭素濃度が上昇することや気温が上昇することは、私たち植物にとって都合がよい場合もあるのだと思います。

　けれども、気温が上がれば海水が膨張しますし、南極大陸やグリーンランドの氷河が融けていきます。すると海水面が上昇し、低い土地が海面下に沈むこ

とになります。また、気象が不安定になることも心配されています。基本的には現在の地球環境を前提に生活を組み立てている人にとって、二酸化炭素濃度を上げずにエネルギーを得る方法が必要になってきます。

7. おわりに

　畑の作物など継続的に更新される私たち植物から燃料が取れるならば、空気中の二酸化炭素は増加しません。ブラジルでは人がサトウキビのショ糖を発酵させてつくったアルコールを燃料として自動車を走らせています。

　ショ糖は人間の食品としても欠かせません。可食部分でない茎や葉や根、あるいは木材の廃材を使ってアルコールがつくれると効率的です。これらの部分に多く含まれるセルロースからアルコールをつくる方法が研究されています。また、ミドリムシを大量に培養して油脂を合成させジェット燃料をつくろうとする研究や、ある種のシアノバクテリアが光合成の産物として発生する水素を集めて燃料とする研究など、生物の産物を有効に利用するための研究が進められています。私たち植物の光合成の仕組みを模して、光のエネルギーを使って水素や有機物などを合成しようという、人工光合成の研究も始まっています。

　このような技術開発の一方で、自動車などエネルギーを使う道具の普及が世界的な規模で進んでいます。さらに増え続ける人口を考えるときに、人にはどこに解があるのだろうかと考えこんでしまいます。便利なものをつくり出すのが人の文明だとしたら、ものを使わない、あるいは長持ちさせる文化についても、人は考える必要があるのかもしれません。

参考文献

レイチェル・カーソン（青木梁一訳）『沈黙の春』新潮社、1974年（『生と死の妙薬』というタイトルで、1964年に青木梁一訳により新潮社から出版された。）

ドネラ・H. メドウズ、デニス・L. メドウズ、ジャーガン・ラーンダズ、ウィリアム・W. ベアランズ三世（大来佐武郎監訳）『成長の限界』ダイヤモンド社、1972年

宇佐美正一郎『緑と光と人間　光合成の探究』そしえて、1977年

真船和夫『光合成と呼吸の科学史』星の環会、1999年

東京大学光合成研究会編『光合成の科学』東京大学出版会、2007年
山崎巌『光合成の光化学』講談社、2011年
高市真一、三室守、富田純史『カロテノイド―その多様性と生理活性―』裳華房、2006年
光化学協会編『夢の新エネルギー「人工光合成」とは何か』講談社、2016年
園池公毅『トコトンやさしい光合成の本』日刊工業新聞社、2012年
山本良一編『[絵とき] 植物生理学入門（改訂3版）』2016年
日本光合成学会編『光合成事典 Web 版』2015年、http://photosyn.jp/pwiki/index.php（平成29年10月閲覧）

第2節　植物と紫外線とのコミュニケーション

1．はじめに

　光は私たち植物の成長や発達にとって大変重要な環境因子です。光は光合成のエネルギー源になるだけでなく、芽生えから花を咲かせ種を作るまで、私たちの生涯を通じて形やさまざまな機能を調節します。このような光に調節される反応は光形態形成と呼ばれていますが、その反応の仕方は光の色（波長）や強さ、照射時間や方向によって大きく変わります。光を感じて反応するために、私たちは複数の光センサー（光受容体と呼びます）を持ち、そこから発せられるシグナルによって形や機能を調節しています。

　野外で育っている私たちがふだん浴びているのは、太陽からの光（日射）です。日射は白色に見えますが、それはさまざまな波長の光が混ざった結果です。日射を構成する光は、波長によって紫外線、可視光線、赤外線に大きく分けられます（図1-6）。このうち紫外線（UV）は400nm（1nmは100万分の1mm）より短い波長域の光を指しますが、さらに波長によってUV-A（400～315nm）、UV-B（315～280nm）、UV-C（280～100nm）に分けられます。

　紫外線の大半は約10～50km上空に分布するオゾンによって吸収されますが、その割合は波長によって異なり、地上まで届くのはUV-AとUV-Bです。紫外線が地上に届く量は可視光線に比べるとわずかですが、私たち植物を含

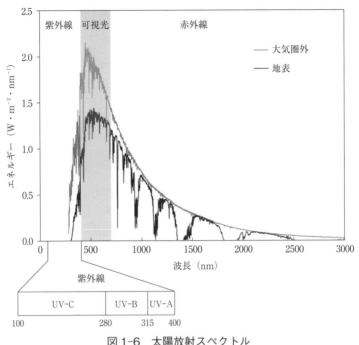

図 1-6　太陽放射スペクトル
（データは http://rredc.nrel.gov/solar/spectra/ より）

め、地球上の生物に大きな影響を与えています。その影響のほとんどは有害なもので、人に対しては、日焼けやシミ、シワ、免疫機能の低下、皮膚がん、白内障などさまざまな障害が知られています。紫外線は、皮膚、免疫系や眼を持たない私たちにとっても有害です。その理由は、紫外線は細胞内で有害な活性酸素を発生させてタンパク質や脂質、核酸などの生体分子を酸化、修飾、分解し、また遺伝子の本体である DNA を直接損傷させるからで、それらの反応は地上のすべての生物で生じます。

　人はこのような紫外線の悪い影響を防ぐために、さまざまな対策をとっています。例えば、紫外線が強い時は、日陰に入ったり（実際は日陰でも反射・散乱などで日なたの約 50％ の紫外線が届いているのですが）、日傘をさしたり、帽子をかぶったり、サングラスをかけたり、日焼け止めを塗ったりして、皮膚

や眼への紫外線の吸収を抑えています。しかし、移動することのできない私たちは、紫外線から逃げることはできません。にもかかわらず野外でたくましく成長を続けることができるのはなぜか、この節ではその仕組みについて、紹介したいと思います。

2. 紫外線から身を守る方法

（1）紫外線を吸収しにくくする

　私たちは人のような帽子を使いませんが、光をはね返す仕組みを持っています。種類にもよりますが、私たちの中にはツバキのように表面がツルツルしている葉を持つものがたくさんいます。あれは葉の表面がワックスで覆われているためで、葉に当たった紫外線の一部を反射してはね返しています。また、葉の表面に細かい毛がたくさん生えているものもありますが、あの毛も紫外線を反射、散乱させることによって葉の内部への紫外線の侵入を妨げるはたらきがあります。

　私たちはさらに、"日焼け止め"としてのはたらきを持つ物質も合成しています。"日焼け止め"物質の特徴は、その分子が紫外線を吸収する構造を持っていることです。その代表的なものはフラボノイドと呼ばれる、C_6-C_3-C_6のフラバン骨格（図1-7）を持つ一群の物質で、これまでに7,000種以上が報告されています。フラボノイドはさらにフラボン、フラボノール、イソフラボン、アントシアニンなどのグループに分類されます。このうちアントシアニンは赤〜紫〜青色の鮮やかな色をしているものが多く、花びらや紅葉、果実の色として私たちを彩っています。他のフラボノイドは無色のものが多いのですが、無色でも紫外線を吸収する構造（ベンゼン環）を持つので、日焼け止めクリームのようなはたらきをします。私たちはこのフラボノイド類を外界と接する表面の細胞（表皮細胞）に蓄積することによって、中に入り込む紫外線の量を減らし

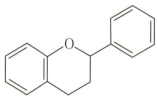

図1-7　C_6-C_3-C_6のフラバン骨格

て内部の細胞を保護しているのです。高山など標高が高く紫外線量が多い場所で育つ私たちの仲間は、平地で育っているものよりも多くのフラボノイド類を蓄積していることが知られています。では、私たちはどのように紫外線量が多いか少ないかを感じ、紫外線量が多い時にどのようにフラボノイドを合成しているのか説明していきましょう。

(2) 紫外線を素早く察知して、防御反応を起こす

　紫外線による障害を少なくするためには、紫外線を敏感に感じ取り、フラボノイド合成や紫外線を吸収しにくい形態への変化などの防御反応のスイッチを素早く入れる必要があります。そのため、私たちは光の波長に応じてさまざまな光受容体と呼ばれる光センサータンパク質を持っています。赤い光を受容するフィトクロム、青い光に対してはフォトトロピンとクリプトクロムが知られています。

　紫外線はDNAを傷つけることがよく知られていますが、DNAに障害を与える紫外線の波長のピークはUV-Cの領域にあるのに対して、フラボノイド合成などの防御反応を促進する紫外線はUV-Bであることから、DNAあるいはDNAへの障害が防御反応を引き起こすためのセンサーとは考えられません。UV-Bは強度が弱くてもフラボノイド合成酵素遺伝子の発現を促進することから、UV-Bに対する感度の高いセンサーが存在するはずだと長年にわたって研究が行われた末、ついにUV-Bを受容するUVR8（UVRESISTANCE LOCUS8）という光受容体が発見されました。UVR8の発見はシロイヌナズナという植物を使った遺伝学的な手法によるものでした。それは、UV-Bに対して特に感受性の高いシロイヌナズナの突然変異株が見つかったことに始まります。それまでの研究により、UV-Bは生育阻害ももたらすことがわかっていたので、UV-Bの照射によって、普通の株（野生株）よりも生育がより強く阻害される株（UV-B高感受性変異株）を選んできて、どの遺伝子に突然変異（変異）が起こっているのかを調べたのです。選ばれてきた変異株の中には、フラボノイド合成ができなくなっていることが原因で、UV-Bに対する感受性が高くなっているものが複数ありました。フラボノイド合成ができない

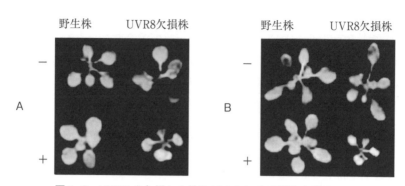

図1-8 UVR8を欠損した株はUV-Bによる損傷を受ける
　　　A：UV-B照射直後、B：UV-B照射72時間後
　　　−：UV-B照射なし、＋：UV-B照射あり
　　　（Kliebenstein et al. 2002）

　原因を遺伝子レベルで調べると、フラボノイド合成遺伝子に変異が生じている変異株だけでなく、合成遺伝子に異常がないにもかかわらず、フラボノイド合成ができないために損傷を受ける変異株が見つかりました（図1-8）。合成遺伝子は正常なのに、なぜUV-Bを照射してもフラボノイド合成ができないのか？ その原因はUV-Bを感じるセンサー遺伝子（*UVR8*）に変異が生じていたからでした。野生株では、UV-Bが照射されるとフラボノイド合成酵素遺伝子の転写量が増え、フラボノイド合成酵素タンパク質の量が増えて、フラボノイドの生産量が増えます。しかし、その変異株（UVR8欠損株）では、UV-Bが当たっても、フラボノイド合成酵素遺伝子の転写量が増えず、その結果、"日焼け止め"物質であるフラボノイドを増やすことができず、含有量が低いままであるため、内部の細胞まで紫外線が入り込んで細胞の機能に障害をもたらし、生育阻害を招いたと考えられました。

　では、センサー遺伝子である*UVR8*はどのようにUV-Bを感じて、そのシグナルをフラボノイド合成酵素遺伝子に伝えているのでしょうか？ それはUVR8タンパク質の構造を詳しく調べることで少しずつ明らかになってきました。UVR8は模式的に描いた図1-9に示す通り、UV-Bが当たっていないときは、2個のUVR8タンパク質どうしがゆるく結合した形（二量体）で存在

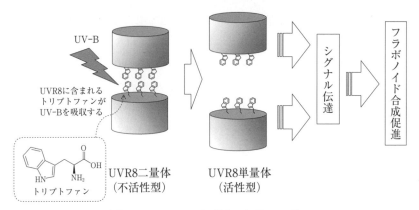

図1-9 UVR8のシグナル伝達のモデル
(Jenkins（2014）"The UV-B Photoreceptor UVR8：From Structure to Physiology" The Plant Cell 26：21-37 より改変)

しています。このタンパク質のどの部分でUV-Bを察知しているのでしょうか？

　生体分子が紫外線を含めて光を「感じる」という現象は、分子の特定の部分に光がぶつかることから始まります。UVR8よりも先に見つかっていた赤色光のセンサータンパク質であるフィトクロムでは、フィトクロムタンパク質本体にフィトクロモビリンという色素分子が結合しており、赤色光がこのフィトクロモビリン分子にぶつかって構造変化を引き起こし、その影響でフィトクロムタンパク質本体も構造が変化する（かたちが変わる）ことで、活性化してシグナルを伝達できるようになると考えられています。青色光のセンサータンパク質も同様に、タンパク質本体に光を吸収する別の分子が結合しています。

　ところがUVR8には光を吸収する分子が結合しておらず、UVR8タンパク質そのものがUV-Bを吸収しています。細かく説明すると、タンパク質とはアミノ酸どうしがつながってできた1本の糸のようなものですが、そのアミノ酸のひとつであるトリプトファンがUV-Bを吸収しているのです。トリプトファンは先に述べたフラボノイドのようにベンゼン環を持つので、紫外線を吸収することができます。UV-Bが当たっていない、すなわち不活性型のUVR8は、2個のUVR8タンパク質のトリプトファンどうしで結合していま

す。そこにUV-Bが当たるとトリプトファンどうしの結合が切断されて、1個ずつのUVR8（単量体）になります。この単量体のUVR8が活性型として、フラボノイド合成酵素遺伝子にシグナルを伝達するといわれています。現在提案されている仮説のひとつでは、UVR8が単量体の活性型になることによって、さらに別のタンパク質の複合体が結合できるようになり、フラボノイド合成酵素遺伝子の発現を調節しているのではないかと考えられていますが、まだ詳しくはわかっていません。

　また、UV-Bはフラボノイド以外にもさまざまな物質の合成を促進します。その中には、病原菌に対する抗菌性物質や私たちを食害する昆虫の忌避物質、人にとって価値のある栄養素もあります。さらに、適切な強さのUV-Bを照射することにより、光合成活性が上がって収量が増加したという報告もあります。UVR8のような紫外線センサーの作用メカニズムを解明し、農業に応用することができれば、病気や害虫に強く、栄養価の高い農作物を効率良く生産できるようになるかもしれません。

（3）紫外線による障害を修復する

　これまで述べたように、私たち植物は紫外線が内部の細胞に入り込まないようにするためのさまざまな手段を持っていますが、100％防げるわけではありません。実際には細胞内の遺伝子の本体であるDNAは紫外線によって常に傷つけられているのですが、素早く傷を修復しています。ここでは紫外線がどのようにDNAを傷つけるのか、そして私たちはその傷をどのように修復しているかについて述べます。

　DNAは図1-10に示すように、ヌクレオチドと呼ばれる分子どうしが1本の糸のように繋がってできています。DNAに紫外線が当たると、となりあったヌクレオチドの特定の塩基どうしが結合して二量体を形成してしまいます。こうなると、このDNAを鋳型として次のDNAを複製するときに障害となってエラーを起こし、鋳型DNAとは異なる塩基配列を持つ娘DNAができてしまいます。この複製エラーは遺伝情報を書き換えてしまう突然変異なので、場合によっては個体の死をもたらすこともあります。これを防ぐために、大腸菌

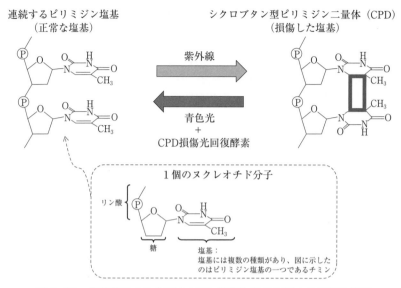

図 1-10　紫外線による主要な DNA 損傷と青色光による損傷の修復

から人まですべての生物は、さまざまな修復機構を持っています。光回復酵素による修復は代表的な修復機構のひとつで、この酵素は紫外線によって二量体となったヌクレオチドを可視光（青色〜紫色）のエネルギーを使って元の単量体の形に修復することができます。光（紫外線）によって受けた損傷を光（可視光）で修復しているのです。この酵素はバクテリアから私たち植物を含め動物まで広く分布していますが、人間を含めた胎生の哺乳類は持っていません。

　私たちは青い光を感知するクリプトクロムという光センサータンパク質を持つことを先に述べました。クリプトクロムは光回復酵素とよく似た構造をしていますが、DNA の修復機能はなく、花芽形成や概日リズムなどの別のはたらきを持ちます。分子進化学的な研究から、光回復酵素やクリプトクロムは、祖先の遺伝子は同じけれど、進化の過程で異なる機能を持つようになったのではないかと考えられています。

3. おわりに

　野外で生きる私たち植物は、日中、紫外線にさらされながらも特に目立った障害を受けているように見えないのは、これまで述べたように、紫外線をブロックして吸収量を減らす仕組みや、紫外線によるDNAの損傷を素早く修復する仕組みを持っているからです。近年、オゾン層の破壊によって地上により多くの紫外線が届くようになり、人の皮膚がんや白内障の増加が懸念されています。私たちの作るフラボノイドの中には抗がん作用や抗酸化作用のあるものも見つかっています。紫外線の害を防ぐ私たち植物の知恵が人の役に立つ日が来るかもしれません。

参考文献

浅田浩二「第2章-1 植物の葉はなぜ日焼けしないのか」市橋正光・佐々木政子編『生物の光障害とその防御機構』（シリーズ・光が拓く生命科学第4巻）共立出版、2000年、pp.36-50

竹田恵美「第3章 植物の防衛機能 — 第1節 光との戦い」植物生理化学会編、長谷川宏司 監修『植物の知恵とわたしたち』大学教育出版、2017年、pp.92-114

Kliebenstein, D. J., J. E. Lim, L. G. Landry and R. L. Last（2002）"Arabidopsis UVR8 Regulates Ultraviolet-B Signal Transduction and Tolerance and Contains Sequence Similarity to Human Regulator of Chromatin Condensation 1." *Plant Physiology* 130(1): 234-243.

第3節　植物と青色光とのコミュニケーション

1. はじめに

　私たち植物にとって可視光線の中でも特に青色光（ブルーライト）は苦手な光です。人も太陽光のほかに、テレビ・パソコン・携帯などから発する青色光は、紫外線ほどではないそうですが、心身にストレスとして作用するといわれています。

　私たち植物の場合は、人とは異なり物を見る特別な器官"眼"は持っていま

写真1-1　ダイコン芽生えの光屈性の様子

せんが、フォトトロピンやクリプトクロムというタンパク質が、光受容体として青色光を吸収します。その後、さまざまな反応を経て生理活性物質が変動することによって、芽生えの茎（ダイコンなどの双子葉植物では胚軸、トウモロコシなどの単子葉植物では幼葉鞘と呼ばれています）の成長が抑制されたり、光屈性（青色光が横から芽生えに照射されたとき、茎が照射側に屈曲する運動。写真1-1）や葉緑体の運動などさまざまな現象が引き起こされます。私たちの仲間で水中を遊泳できるミドリムシ（ユーグレナ：*Euglena gracilis*）の場合は、青色光をフォトトロピンが受容して、光方向に対して一定の反応（光驚動反応）を起こして水中を動き回ります。

　そもそも、読者の皆さんの中には、私たち植物は動物と違い運動できないと思っておられる方が多いと推察されますが、実は光や重力などの刺激に対して一定の運動をする（動く）ことができるのです。

　本節では、私たち植物と青色光との間で交わされるコミュニケーションの代表的な生物現象である"光屈性"のメカニズムについて説明します。この研究の中で、読者の皆さんがびっくりされるような研究者間で繰り広げられてきた壮絶な論争（研究者間コミュニケーション）を紹介します。

2. 光屈性のメカニズムを説明する2つの仮説

光屈性のメカニズムに関する仮説は大きく分けて2つあります（図1-11）。1つは多くの生物学者によって支持され、高校の生物の教科書にも断定的に掲載されているコロドニー・ウェント説（Cholodny-Went theory, 1937年）です。もう1つはどちらかというと生物学者より化学者によって支持されているブルインスマ・長谷川説（Bruinsma-Hasegawa theory, 1990年）で、一部の高校・生物の教科書でコロドニー・ウェント説と対比する形で掲載されたことがありましたが、コロドニー・ウェント説ほどは認知されていません。

（1） コロドニー・ウェント説とブルインスマ・長谷川説の違い

コロドニー・ウェント説とは、オランダのウェント（F.W.Went）とアメリカのチマン（K.V.Thimann）によって1937年に提唱された仮説です。青色光

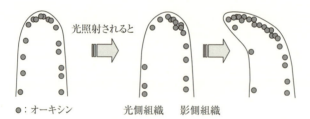

〈コロドニー・ウェント説〉オーキシンが先端部で横移動し、下方へ拡散する。

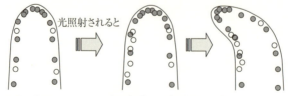

〈ブルインスマ・長谷川説〉オーキシンは横移動しない。成長抑制物質（オーキシン活性抑制物質）が光照射された場所で生成される。

図1-11　コロドニー・ウェント説とブルインスマ・長谷川説

が一方向から芽生えに照射されると、植物ホルモンのオーキシンが芽生えの光側から影側組織に横移動し、影側組織のオーキシン量が増えることによって、影側組織の成長が促進（暗所対照に比べて）され、光方向に屈曲するという仮説です。

　一方、ブルインスマ・長谷川説はコロドニー・ウェント説に遅れること半世紀余り、1990年にオランダのブルインスマ（J.Bruinsma）と日本の長谷川（鹿児島大学、後に筑波大学に転出。1982年ブルインスマ教授の「光屈性に関する国際共同研究プロジェクト」に参画し、翌年帰国した後、ブルインスマらの研究を引き継ぎ、以来三十数年間、植物生理化学・天然物化学および分子遺伝学の観点から光屈性のメカニズムについて研究を行ってきました）によって提唱された仮説です。一方向から青色光を照射してもオーキシンの横移動は起こらず、オーキシンの活性を抑制する物質（光誘導性成長抑制物質）が光側組織で生成することで、光側組織の成長が抑制（影側組織の成長は暗所対照と変わりません）され、光方向に屈曲するという仮説です。

（2）　コロドニー・ウェント説の基盤となった2つの古典的実験

　高校の生物の教科書において光屈性の仕組みを説明するうえで、絶対的な実験として記載されている2つの古典的な実験（図1-12）を紹介します。

1）ダーウィン父子の実験

　1つ目は進化論（1859年）で有名なイギリスのチャールズ・ダーウィン（C.Darwin）が、息子のフランシス（F.Darwin）の助力を得て300種を超える植物のさまざまな運動についてまとめた、高著"The Power of Movement in Plants"（『植物の運動力』1880年）の中で記述されている実験です。

　彼らは、カナリアクサヨシという単子葉植物の幼葉鞘に横から光を照射すると光側に屈曲するのに対して、先端を数mm切除した幼葉鞘や、幼葉鞘の先端部に不透明な帽子を被せ、幼葉鞘の先端部に光が当たらないようにすると、光を横から照射しても屈曲しなかったことから、光を感受する部位は幼葉鞘の先端部に限られ、そこからある種の刺激因子が下方の成長帯に伝えられた結果、屈曲すると解釈しました。

〈ダーウィン父子の実験〉

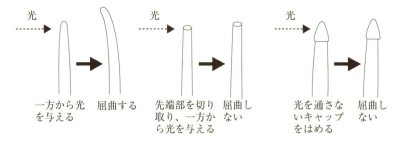

〈ボイセン・イェンセンの実験〉

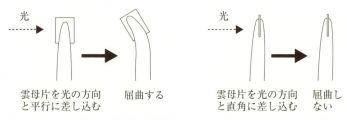

図1-12　ダーウィン父子の実験とボイセン・イェンセンらの実験

2）ボイセン・イェンセンらの実験

　2つ目は1926年、デンマークのボイセン・イェンセン（P.Boysen-Jensen）らが行った実験です。彼らはアベナの幼葉鞘の先端部に数mmまで縦に切れ込みを入れ、薄い雲母片を差し込み、雲母片に平行あるいは垂直方向から光を照射したとき、前者では光方向に屈曲が見られましたが、後者では屈曲が見られなかったことから、幼葉鞘先端部の光側と影側組織の間で、ある種の化学物質が横移動することによって、光屈性が引き起こされると解釈しました。

　これら2つの古典的実験から、一方向からの光が芽生えに照射されると、先端部で受けとめられ、そこで何らかの刺激因子が横移動することによって光屈性が引き起こされると解釈され、その後、ウェントとチマンによって提唱されたコロドニー・ウェント説の基盤となる実験として評価されています。

（3） コロドニー・ウェント説の誕生

オランダのユトレヒト大学のウェントは1928年、アベナ幼葉鞘に片側から光を照射した後、先端部を切り取り、雲母片で仕切った寒天片の上に光側と影側組織に分かれるように差し込み、しばらくの間暗所に置きました。その後、この光側と影側の寒天片をそれぞれ、彼が考案したアベナ幼葉鞘屈曲試験にかけたところ、影側の方が光側より大きな屈曲を示したことから、成長を促進する（屈曲を引き起こす）物質（後のオーキシン）が光側から影側組織に横移動することによって、影側組織の成長が促進され光方向へ屈曲すると解釈しました。

ウェントと同じユトレヒト大学にいた有機化学者のケーグル（F.Kögl）が、アベナ幼葉鞘屈曲試験で活性を示す物質を人の尿から4種類取り出し、オーキシンと名づけました（1934年）。これらの一つがインドール酢酸であり、現在唯一オーキシンと呼ばれている物質です。

オランダからアメリカに渡ったウェントは、一方向からの光照射によって、芽生えの先端部においてオーキシンが光側から影側組織へと横移動し、さらに下方の成長帯に移動することによって影側組織中のオーキシンが増量した結果、影側組織の成長が促進され、光方向に屈曲すると解釈しました。同様な解釈は、重力屈性（植物の芽生えを横に倒したとき、重力の影響を受けて茎は上方に、根は下方に屈曲・成長する現象）にも当てはまることが、すでにコロドニー（N.Cholodny、ロシア、1927年）によって示されていたことから、ウェントとチマンは光屈性と重力屈性はいずれもオーキシン量の偏差分布によって引き起こされるというコロドニー・ウェント説（1937年）を提唱しました。以来、コロドニー・ウェント説はまったく疑いもなく広く信じられるようになりました。

（4） コロドニー・ウェント説に対する疑問
1） 機器分析法による真のオーキシン量の測定

ブルインスマらは、ウェントらがアベナ幼葉鞘屈曲試験の結果から、オーキシン量を算出していることに注目し、もし、先端部から寒天片に拡散してくる物質の中にオーキシンの活性を抑える物質が含まれているとしたら、アベナ幼

葉鞘屈曲試験から算出したオーキシン量は真のオーキシン量とオーキシン活性を抑制する物質量の合算であり、真のオーキシン量を示すものではないと考えました。

そこで彼の研究グループの生化学者クネヒトが中心となり、植物に微量にしか存在しないオーキシン量だけを測定する機器分析法の開発に取り組みました。ヒマワリ芽生えに横から光を照射し、胚軸を光側と影側組織に二分して抽出し、精密な精製法で分離した後、彼らが開発した機器分析法で真のオーキシン量を測定した結果、光側と影側組織におけるオーキシン量は均等に分布していることが明らかにされました（表1-1）。ブルインスマらはさらに、ヒマワリ胚軸の光屈性はオーキシン活性を抑制する物質が光側組織で生成し、光側組織の成長が抑制されることによって引き起こされるのではないかと考えました。

一方向からの光照射によって、オーキシン量は光側と影側組織で均等に分布することは、精密な機器分析法を用いたドイツのウェイラー（E.W.Weiler）ら（1988年）や長谷川ら（1989年）によってヒマワリ、ダイコンやアベナなどでも明らかにされました。

さらに、長谷川らによってウェントの実験が検証され、アベナ幼葉鞘の先端の光側と影側組織からの拡散物を直接、アベナ幼葉鞘屈曲試験でオーキシン量を測定した場合は、ウェントの実験のように影側組織の方が光側組織の約2倍でしたが、機器分析でオーキシン量のみを測定したときは光側と影側組織で均等であることが明らかになりました（表1-2）。したがって、光側組織の方がオーキシン活性は低いということから、光側組織にオーキシン活性を抑制する物質が多く含まれていることが示唆されました。

表1-1 ヒマワリ胚軸の光屈性に伴うオーキシンの分布

	光側組織		影側組織		屈曲角度 (deg)	胚軸数
	オーキシン (インドール酢酸) (ng/g)	%	オーキシン (インドール酢酸) (ng/g)	%		
実験1	53.7±4.2	52	48.8±3.3	48	21	44
実験2	63.2±3.0	51	61.5±2.8	49	23	45

表1-2 ウェントの実験の検証

		光側	影側	暗所対照	
				左側	右側
生物検定法	ウェントの実験（1928年）	27%	57%	50%	50%
	長谷川らの実験（1989年）	21%	54%	50%	50%
機器分析法	長谷川らの実験（1989年）	51%	49%	50%	50%

光屈性刺激を与えたアベナ幼葉鞘の先端部から寒天片へと拡散してきたオーキシン量を、生物検定および機器分析から算出しました。生物検定の結果はウェントの結果と同じくオーキシン活性に差があることがわかりましたが、機器分析によるとオーキシン量は等しいことがわかりました。

2) 光屈性は影側組織の成長促進によって引き起こされるのか？

ここで、もう一度、コロドニー・ウェント説に立ち返ってみましょう。それは光屈性の現象面です。コロドニー・ウェント説によれば、オーキシンが光側から影側組織に横移動することによって「影側組織の成長が促進（暗所対照に比べて）され、光方向に屈曲する」と解釈されています。

そこで、本当に光屈性刺激によって影側組織の成長が促進されて光屈性が引き起こされるのか、長谷川らやイギリスのファーン（R.Firn）らによって、ダイコン、ヒマワリ、アベナ、トウモロコシ、シロイヌナズナなど多数の芽生えについて詳細に調べられた結果、光側組織の成長は光屈性刺激によって顕著に抑制され、一方、影側組織の成長は暗所対照と変わらないことが明らかになりました。

3) ブルインスマ・長谷川説の誕生

以上の膨大な実験結果から、光屈性は、オーキシンが光側から影側組織へ横移動する結果、影側組織の成長が促進されることで引き起こされるというコロドニー・ウェント説では説明できず、光側組織で生成する成長抑制物質が光側組織の成長を抑制することによって引き起こされるというブルインスマ・長谷川説が1990年に誕生しました。

4) 2つの古典的な実験の検証

ブルインスマ・長谷川説が正しいとしたら、コロドニー・ウェント説の基盤

となったダーウィン父子の実験とボイセン・イェンセンらの実験をどう評価するのでしょうか？

ダーウィン父子の実験の検証は1981、1982年イギリスのフランセン（J.M.Franssen）らによって、さらに1992年以降に日本の長谷川らによって行われました。フランセンらはクレスとキュウリの芽生えを、長谷川らはダイコン、アベナやトウモロコシの芽生えを用いて、芽生えの先端部を切除したり、不透明な帽子で覆ったりしても光屈性が起こることを明らかにしました。

ボイセン・イェンセンらの実験も、長谷川グループによって検証されました（2000年）。長谷川グループの中野らによって雲母片を先端部に注意深く差し込み、平行あるいは垂直方向から光を照射した場合、いずれも光方向に屈曲することを明らかにしました。

つまり、ダーウィン父子の実験もボイセン・イェンセンらの実験も植物全般に当てはまらないことや実験方法に問題があるうえ、解釈に先入観があって、いずれも正しくないことが明らかになりました。これらの実験は日本の現役の高校の教師や生徒など、多くの人々によってもなされ、フランセンらの実験や長谷川らの実験の結果が再現されています。

つまり、コロドニー・ウェント説の基盤となっていた2つの古典的な実験にも疑問符が打たれたということです。

5）光側組織の成長抑制に関与する化学物質とは？

光屈性刺激によって光側組織で増量する成長抑制物質（オーキシン活性抑制物質）の本体の解明に関する本格的な研究は、長谷川らによって世界に先駆けて始められ、オランダのブルインスマ教授、慶応大学の山村教授ら、大阪府立大学の上田教授、筑波大学の繁森教授らとの広範な共同研究によって精力的に行われてきました。長谷川らは、さまざまな植物（ダイコン、ヒマワリ、アベナ、トウモロコシ、キャベツ、シロイヌナズナなど）の芽生えから光屈性刺激によって光側組織で増量する成長抑制物質（光屈性制御物質）を取り出し、それらの化学構造を解明しました（図1-13）。

6）光屈性制御物質の生成機構と作用機構は？

光屈性制御物質の生成機構は、ダイコンとトウモロコシ芽生えで詳細に研究

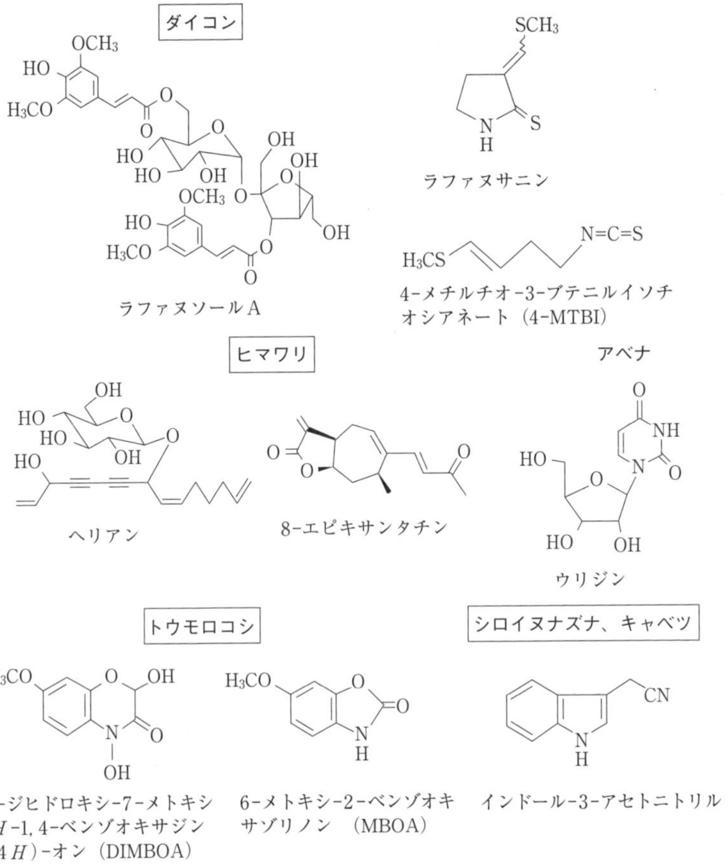

図1-13　光屈性制御物質

され、光屈性刺激によって不活性型の前駆物質（配糖体）から糖をはずす加水分解酵素が活性化され、活性型の光屈性制御物質が生成されることが、長谷川ら、山村ら、上田らによって明らかにされました（2000年）。

　作用機構は細胞レベルでは、ダイコン胚軸でラファヌサニンが、オーキシンによって誘導される細胞のマイクロチューブルの配向変化を抑制することが免疫蛍光顕微法で石塚ら（筑波大学）によって明らかにされました（1992年）。さらに、光屈性制御物質がオーキシンによって誘導される遺伝子発現やオーキシン結合タ

ンパク質に対する放射能ラベルしたオーキシンの結合を抑制することも明らかになりました。最近、筑波大学の山田らによって光屈性制御物質が細胞のリグニン化を誘導し、成長を抑制することも明らかにされました（2007年）。

　これまでに得られた研究成果から「光屈性のメカニズム」をまとめてみました（図1-14）。

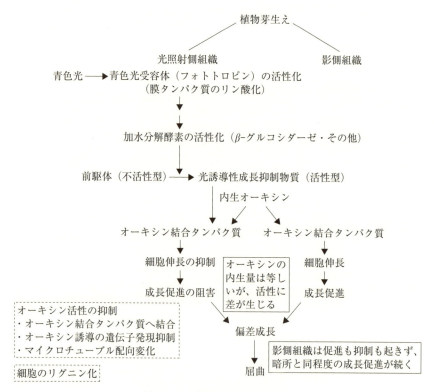

図1-14　光屈性のメカニズム

3. おわりに

　私たち植物と光（青色光）とのコミュニケーションの代表的な生物現象である光屈性は、ブルインスマ・長谷川説によれば、一方向からの青色光が光受容体（フォトトロピン）によって受けとめられることから始まり、その後、いく

つかの反応を経て、光側組織で光屈性制御物質が増量し、光側組織の成長が抑制されることによって、光方向に屈曲することが明らかにされました。一方、依然として多くの植物生理学者によって古典的なコロドニー・ウェント説が信奉されています。どちらが正しいのか、本当のところは、私たちと人との間で会話ができるようになった暁にお話ししましょう。

　光屈性の生物学的意味は、光合成に必要な光エネルギーを葉で効率良く受けとめるために光方向に向かって屈曲するという、積極的・前向きな現象であると多くの生物学者によって考えられてきました。しかし、長谷川は最近違った考えを提唱しているようです。

　人にとっても私たち植物にとっても、青色光はストレスとして作用するのではないか、と本節の冒頭に述べました。そのストレスに対抗すべく、青色光照射によって弱々しい"もやし"から強固な体の構築が誘導されるのではないか、ということです。青色光が上方から私たち植物に照射されると、私たちの茎の縦への成長は抑制されます。同じ強さの青色光が両側から照射されても、成長は強く抑制されます。ただし、この場合、上方あるいは左右から同じ強さの青色光を照射することから、両側の組織で成長の差は生じませんので、横方向への屈曲（光屈性）は見られません。この茎の成長抑制は、青色光によって生成される成長抑制物質が細胞の縦への成長を抑制し、細胞の肥大化や、細菌などの外敵に対して強い抵抗性を示す強固な体をつくりあげるからです。

　ところが、片側から青色光が照射されたり、強さの異なる青色光が両側から照射されると、光側組織あるいはより強い光側組織で成長抑制物質が影側あるいは弱い光側組織と比較して増量することによって、成長量の偏差分布が生じ、結果として光方向に屈曲すると考えているようです。この光方向への屈曲運動が、視覚的に光屈性と認識されるのではないかということです。つまり、青色光照射によって誘導される強固な体制の構築の差が光側と影側組織で生じることによって屈曲するということであり、光を求めて屈曲するのではないということです。また、光屈性制御物質の多くが植物の種類によって異なることは、一般的に植物の防御物質の多くが植物種特有の物質であることと通じているように思われます。

読者の皆さんが、私たち植物の青色光とのコミュニケーションの代表的な生物現象である光屈性の"生物学的意味"を推理してくださるきっかけになれば幸甚です。

最後にコロドニー・ウェント説に対し、世界で初めて果敢に挑戦され、植物生理学史に名を刻まれたオランダ・ワーヘニンゲン大学のブルインスマ教授（写真1-2）が、2017年1月1日に永眠されました。90歳でした。長谷川がブルインスマ教授の研究プロジェクトに参加して以来、三十数年間、毎年、長谷川からはクリスマスカードが、ブルインスマからはニューイヤーカードが交換されてきました。しかし、ブルインスマからのカードが来なくて長谷川が心配していたところ、ブルインスマの義理の息子さんから手紙が送られてきました。「ブルインスマの容態が悪化し、現在、病院に入院しているが、あなたからクリスマスカードと一緒に送られてきた『光屈性のみならず重力屈性もブルインスマ・長谷川説で説明できそうだ』という研究レポートを病床で読み上げたところ、言葉を発することはできなかったものの、深く頷きました」と書かれてありました。

写真1-2　ヨハン・ブルインスマ教授と長谷川宏司教授二十数年前、浅草雷門前で。

ここに、長谷川と共に、心よりご冥福をお祈りしたいと思います。

参考文献

C. ダーウィン原著、渡辺仁訳『ダーウィン　植物の運動力』森北出版、1987年

山村庄亮・長谷川宏司編著『動く植物　その謎解き』大学教育出版、2002年、pp.40-71

山村庄亮・長谷川宏司編著『植物の知恵 ― 化学と生物学からのアプローチ』大学教育出版、2005年、pp.16-32

『改訂　高等学校生物I』第一学習社、2006年、pp.255-259

長谷川宏司・広瀬克利編『博士教えてください ― 植物の不思議』大学教育出版、2009年、pp.33-42

長谷川宏司・広瀬克利編著『最新　植物生理化学』大学教育出版、2011 年、pp.51-84
植物生理化学会編集、長谷川宏司監修『植物の知恵とわたしたち』大学教育出版、2017 年、
　pp.18-45

第 4 節　植物と日長とのコミュニケーション ― 開花 ―

1. はじめに

　『花咲かじいさん』は誰もが知っている童話ですが、いじわるなおじいさんに焼かれてしまった臼の灰を枯れ木にまくと、満開の花が咲いたというものです。灰は農作物の栄養として効果があるということは昔から広く知られていたからこそ生まれた童話ですが、灰をまくと農作物が良く育ち、例えばたくさんのお米がとれたという、より現実的な話ではここまで広く愛された童話にはならなかったのではないでしょうか。やはり、花が咲くという現象は昔から不思議に思われ、強い興味を持たれていたので、強いインパクトのある童話として愛され続けてきたのだと思います。
　ところで、私たち植物は、日本のように四季がある地域では一年の中で花を咲かせる時期を決めています。それは主に日長（昼の長さのことですが、実際には夜の長さが関係しています）とのコミュニケーションによって花を作る時期を決めているのです。それでは、そもそも花とはいったい何のためにあるのでしょうか。そのことを理解することから話を始めます。

2. 花が咲くことの意味は何でしょう

　花が咲くことの意味は何でしょう。種子を作り、子孫繁栄のためでしょうか。ただ、子孫繁栄のためならば、わざわざ種子を作らない方が省エネで有利なはずです。実際、種子を作らないシダ類は、太古の昔、約 3 億 6,000 万年前から 3 億年前までの石炭紀には、大木になるほど大繁茂しました。
　花ができてきた理由は、進化の歴史を見ればわかります。真の花を持つと

いえるのは、現生の被子植物に限られます。被子植物は、白亜紀初期、およそ1億3,000万年前にまず初期の被子植物（モクレン類）が急速に放散し、1億2,500万年前までには真双子葉植物と単子葉植物が出現しました。6,550万年前の白亜紀の終わりまでには、現生の被子植物の目（もく。科の上位に分類されます）が、全体の種の70%を占めるようにまでなりました。

およそこのころ、つまり恐竜が絶滅するころまでには、被子植物の樹木が針葉樹を圧倒するようになっていました。被子植物が爆発的に繁栄したのは、被子植物と昆虫の共進化で受精が容易になり、世代交代が速く活発になったからですが、きっかけをもたらした環境の変化は乾燥だったといわれています。

被子植物が登場してから、裸子植物は環境からの退場場面が多くなりました。被子植物は、乾燥に対する適応が裸子植物より格段に優れていたためです。裸子植物は胚嚢細胞がしゅ心でおおわれているだけですが、被子植物は名前の由来通り、しゅ心がさらに2枚のしゅ皮、心皮、花被、萼片でおおわれています。つまり、被子植物の花は、乾燥環境とのコミュニケーションを進化的に成立させた成果といえます。

3. 花はどのようにしてでき、咲くのでしょうか

花が環境とのコミュニケーションで花芽を形成することは常識ですが、一番重要な環境からのシグナルは日長です。気温は夏に暑く冬に寒いとはいえ、その移り変わりの程度は毎年かなり変わりますし、その年を通してみても徐々にきちんと順を追って気温が変わるわけではありません。それは晩秋の寒い時期に温かい日が現れることを指して「小春日和」なる言葉ができていることからも明らかです。それに対して、日長は地球上の各点で厳密に決まります。日長というコミュニケーションツールに長けた植物種が、進化的に生き残ったと考えることはごく自然です。

植物が日長の変化を理解して花芽を形成することを初めて論文に記載したのは、アメリカのガーナー（W. W. Garner）とアラード（H. A. Allard）です。両博士は最初、温度、光の強さや質の違いを詳細に調べましたが、いずれ

も花芽形成期を決める要因ではないことがわかりました。彼らが行きついた最終の結果が日長だったのです（1918年）。

　彼らの実験結果は画期的なものでしたが、コロンブスの卵のようなもので、植物の生理・生態を考えると至極当然なことです。温帯地方で四季がある地域で生育する植物は、毎年正確な日長情報を解読して、それぞれの植物に都合の良い季節に花芽を形成します。

　日長反応型は3つに分けられます。日が短くなる（その後の詳細な実験で、昼が短くなることではなく、夜が長くなることが直接のシグナルになるということがわかっています）と花をつける植物を短日植物と呼び、タバコやダイズのほかにアサガオ、キク、コスモス、イネ、オナモミ、シソなどがあります。逆に日が長くなる情報を解読して花をつける長日植物としては、コムギ、カーネーション、ヒヨス、ルドベキア、ホウレンソウなどがあり、日長を解読しない（つまり、日長の変化にかかわらず花をつける）植物を中性植物と呼びます。植物に詳しい人はすぐに気がつくと思いますが、短日植物は日本では夏から秋にかけて咲く花であり、長日植物は春先に咲く花々です。日長が最も長くなる夏至が6月下旬であることを考えればその理屈は納得できると思います。アサガオのように夏に花芽形成が起きる植物であっても、日長的には夏至以降、徐々に昼の長さが短くなっていく情報を読みとって花芽を形成しているのです。長日植物は冬以降の寒さが原因で花芽形成するのではなく、徐々に日長が長くなる情報を読み取って春に花を咲かせるのです。

　中性植物は生態学的に考えるとあまり感心した植物ではありません。中性植物は日長情報とのコミュニケーション能力が欠けた植物であるので、植物が都合の良くない時期に花を形成してしまう可能性があります。中性植物は、人に都合の良いようにいつでも花が咲く植物として人が改良したものが多いのです。花がいつでも咲くことができるというと鑑賞植物を思い浮かべますが、花ができることは実ができることにつながるので、食用植物でもこのような性質は重要になり得ます。

　1940年から1960年にかけて穀物の大量増産が実現し、「緑の革命」と呼ばれました。これは半矮性遺伝子を導入したことにより、多肥が収量増加に直結

した（それまでのコムギやイネは、多肥にすると倒伏して収量が頭打ちになってしまいましたが、矮性の性質を持ち込むことにより、多肥でも倒伏しないで収量増加を実現しました）ことがよく知られていますが、それ以外にも、本来強い短日性であるイネの日長感受性を弱めたことも大きく貢献しています。かつて、アジアモンスーン地帯では、6〜11月頃の雨期に長い生育期間（160〜200日）をかけてイネを栽培していました。このような生育期間の長い品種は多肥条件下では栄養成長が過度になり、倒伏の危険性が高まります。中性の性質を一部導入すると花芽形成が早くなって倒伏の心配がなくなり、一部の地域では三期作も可能になりました。

4. 花咲かじいさんがまいた灰の研究史

花咲かじいさんがまいた灰は満開の花を咲かせましたが、そのような物質があるに違いないと多くの研究者が期待したきっかけは、ロシアの植物生理学者ミハイル・チャイラヒャン（Mikhail Chailakhyan）が1937年に接木実験に基づいて提唱したフロリゲン（florigen）の存在の予言です。彼は花芽形成を起こす物質が存在するはずだと考え、それをフロリゲンと呼びました。それ以降、フロリゲンの正体解明が花芽形成研究の主要なテーマになりました。

（1） ジベレリン

フロリゲン候補として最も成功裏に解析された既存の植物ホルモンはジベレリン（gibberellin）です。ジベレリンは、日本人研究者 黒沢栄一により発見され、藪田貞治郎が *Gibberella fujikuroi* 培養液から単離し、ジベレリンと命名した植物ホルモンです。ジベレリンが特に長日植物の花成に促進的に働くことは、すでに1960年代からよく知られていました。

ジベレリンは、長日に反応する制御領域とは異なる領域を介して、花芽を形成する *LEAFY* 遺伝子（以下 *LFY* という）のプロモーターを活性化します。その点に関して、シロイヌナズナにある GAMYB 様の転写因子遺伝子が調べられました。GAMYB とはジベレリンで誘導される、大麦で見つかった MYB

型転写因子です。シロイヌナズナを短日条件下、ジベレリンで花成を誘導したときの茎頂での *AtMYB*（シロイヌナズナの GAMYB 様遺伝子）の発現を組織化学的に調べたところ、*LFY* の直前に発現することがわかりました。*LFY* プロモーター配列に AtMYB タンパクが直接、特異的に結合することも示され、ジベレリンが直接 *LFY* の発現を誘導する機構が解明されました。

一方、久松とキング（R. W. King）は、代表的な花成誘導遺伝子である *FLOWERING LOCUS T*（以下 *FT* という）とジベレリンとの関係を詳細に研究し、つまり *FT* を通じた花成誘導がメインであるものの、ジベレリン独自の経路が存在することも明らかにしました。

このように、*FT* を介さないでジベレリンが直接、花成を誘導する系があることの証明は、花成現象での低分子の役割の重要性を再認識させます。

シロイヌナズナでは *FT* に比べて、ジベレリン独自の役割は小さいのですが、植物によってはその経路が重要である場合もあります。同じ長日植物であるドクムギ（*Lolium temulentum*）では、短日条件でジベレリンを与えると、*FT* がわずかしか発現しないときにも顕著な花成誘導効果が見られることがわかりました。

（2）アオウキクサから見つかった成分

既知の植物ホルモンとは別に、フロリゲンを見つけようとする努力は、主にアオウキクサ（*Lemna paucicostata*）の花成誘導系を用いて行われてきました。最初に見つかってきたのは、芳香族化合物で、サリチル酸（salicylic acid）、安息香酸（benzoic acid）、フェニルグリオキサール（phenylglyoxal）のほか、窒素含有の複素環化合物であるニコチン酸やピペコリン酸などが見いだされました。また、アミノ酸であるリジンも花成効果を持つことがわかりました。しかし、これらの成分はアオウキクサの花成誘導条件に関連して変動することが見つかっていませんし、他の植物での花芽形成への関与も不明です。そういう意味で花芽形成に関与する普遍的な成分とは考えられていません。

一方、横山（現、東京農工大学）らは、以上の物質群とはまったく異なるユニークな成分を見いだしました。KODA（α-ketol octadecadienoic acid;

9-hydroxy-10-oxo-12（Z），15（Z）-octadecadienoic acid，図1-15のKODAの化学式を参照）と呼んでいる脂肪酸で、アオウキクサの花成誘導研究から見つかりました。

KODAはリノレン酸から9位特異的なリポキシゲナーゼとアレンオキシドシンターゼという2つの酵素により生成します（図1-15）。オキシリピンの中で研究が進んでいるジャスモン酸が13位特異的なリポキシゲネースから始まる一連の反応で生成することを考えると、その代謝的位置関係は大変興味深いものです。

アサガオ（品種：ムラサキ）は、双葉が開いたときの芽生えに16時間の夜を1回だけ与えると、その後伸びてくる芽のすべて（頂端も含めて）に花芽が形成される典型的な短日植物ですが、KODAは16時間暗期の最後の3時間で急増し、光が当たるとすぐに元の量まで減少します。暗期の最後のKODA上

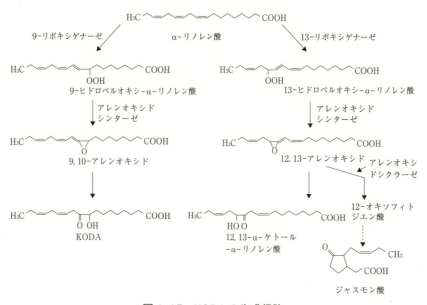

図1-15　KODAの生成経路
リノレン酸からリポキシゲナーゼ反応で始まる種々の酸化代謝物をオキシリピンと呼びます。ジャスモン酸とKODAは2種類のリポキシゲナーゼ反応で別な経路で生成します。

昇は光中断（16時間の中間に10分間の光で中断すると、花成は誘導されません）するとキャンセルされ、また、他の花成抑制条件ともよく相関してその上昇が抑制されました。その意味で、KODAは日長反応とよく相関する成分であったので、初期にはフロリゲンとの関連で注目されましたが、KODAはそれ自身で花芽形成を誘導するわけではないのでフロリゲンそのものでないことは明らかでした。その後、わかってきたことはストレスからの回復効果です。

そもそもKODAは、アオウキクサの乾燥や加温などのストレスにより誘導・放出されてくるものとして見つかったのですが、実は乾燥ストレスを与えられて直ちに生成してくるのではなく、それを水に戻す過程で大量に生成・放出されてきます。アオウキクサがストレスから回復する過程で働いていた成分でした。

カーネーションは「母の日」に大きな需要があるように、本来、初夏に開花する長日植物です。それを冬季開花作型で栽培すると、KODAは顕著な開花促進効果を示します（図1-16）。同様な実験を別の4品種を用いて違う年に冬季作型試験を実施しても、1種類を除いて花の数がKODA噴霧区で126〜450％ほど優位に推移しました。KODAのこのような作用は、カーネーションの新しい需要を掘り起こすことも期待できます。一方、本来の開花時期に合わせた春季開花作型においてのKODAの効果は、一口で言うとその年の気候次第でした。2月の天候不順などにより開花が遅れる年には効果を示しますが、順調な開花が起きる年には効果ははっきりしませんでした。他の花で品種ごとの違いを調べると晩生種で特に効果が出やすいこともわかりました。また、リンゴの花芽形成は日陰の枝では起きにくいことが知られていますが、KODAにより回復します。これらの結果は、KODAの作用が普遍的であること、また、花芽形成を単純に促進するというよりも花芽形成が起きにくい環境にあるときに花芽形成を回復するという作用であることを示しています。

また、別な脂肪酸についても繁森（筑波大学）らがシロイヌナズナの花成誘導系においてユニークな成分を見いだしています。短日条件下で花芽形成を起こさない植物と、長日条件下で花芽形成を起こした植物中のメタノール抽出物をHPLC（高速液体クロマトグラフィー）で解析したところ、花芽形成してい

KODA 散布日	1鉢あたりの開花数（12/15）時点	50%開花日
10/2	6.1	12/1
10/30	4.1	12/1
散布なし	3.3	12/10

散布なし　　　　　　　KODA を散布（100μM）

図1-16　KODA による花芽形成促進の例

カーネーション（品種：モナークライトサーモン）を冬季開花作型で栽培。6月12日に播種し7月25日に鉢に定植しました。KODA を10月2日（出蕾前）、または10月30日（出蕾後）に散布しました。

る植物ではモノガラクトシルジアシルグリセロール（以下 MGDG という）が顕著に減少していました。MGDG の構成成分であるリノレン酸は KODA の前駆成分であるので、MGDG は KODA を通してその作用を発揮している可能性もあり興味深い現象です。

　KODA のこのような花芽形成促進作用は、どのような遺伝子を制御して起きているのでしょうか。次の項で花芽形成に関わる遺伝子について概略をお話しするなかで説明します。

5. 開花のメカニズムに関する最近の研究成果

　日長の情報をどのようにして解読しているかについては、精力的に研究が進められ、多くの花芽形成に関わる遺伝子もわかってきています。

　日長の変化など花成誘導に十分な刺激を植物が受けると、葉組織の中で CONSTANCE 遺伝子（以下 CO という）が発現します。翻訳された CO タ

ンパク質は、同じ葉組織内で *FT* の転写を活性化します。FT タンパク質は葉から茎頂に送られて、そこで FD と呼ばれる別のタンパク質と相互作用し、その後に花芽分裂組織決定遺伝子（花芽形成を決定する遺伝子）である *APETALA1*（以下 *AP1* という）/*CAULIFLOWER*（以下 *CAL* という）と恐らく *LFY* をも活性化して花芽を形成します。FT タンパク質の挙動は、ミハイル・チャイラヒャンが提唱したフロリゲンのそれと同じであるので、FT タンパク質はフロリゲンの正体であろうと考えられています。しかし、もともとフロリゲンと考えられていたものは植物体に浸透する低分子の化合物なので、低分子のフロリゲンは別に存在すると考える人もいます。一方、シロイヌナズナのような花穂を作る植物では、花穂の先端に花ができてしまうと花穂の成長が終わってしまいます。そこで花穂の先端（花序分裂組織）には *AP1/CAL* と *LFY* を発現させない機構も持っています。その状態を保っているのは花序分裂組織のすぐ下側で発現している *TERMINAL FLOWER* という遺伝子（以下 *TFL1* という）です。

このような一連の花芽形成遺伝子の中で、KODA はどこに働くのでしょうか。リンゴの花芽形成で各遺伝子を調べたところ、KODA により *FT* の発現が促進されることはありませんでした。つまり、KODA は花成の誘導機構には関わっていないということです。一方、*FT* のパラログ（同じ種内で相同の遺伝子ですが機能が違うもの）である *TFL1* を抑制することがわかりました。

TFL1 は花芽形成を抑制する遺伝子ですので、結局、KODA により花芽形成は促進されます。アサガオの花芽形成でも同じ結論に至りました。つまり KODA は、花芽形成を抑える遺伝子を抑制して、花芽形成を促進しているのです。前項でリンゴの日陰の枝では花芽形成が抑制されるといいましたが、このとき、*TFL1* は発現しています。KODA は *TFL1* を抑制することにより花芽形成を回復しているのです。一般的にストレスと成長（この場合は開花）はトレードオフの関係にあり、ストレスを受けると成長を止め、リスクを回避します。しかし、それを解除する機構もあるはずで、KODA はその過程に関与する成分と考えられます。農業上への応用を考えると、ストレス耐性とは別の、生育の抑制解除という新しい作用を提供しています。

引用文献

瀧本敦『花を咲かせるものは何か』中公新書、中央公論社、1998年、pp. 64-75

横山峰幸「9位型オキシリピン, 9, 10-αケトールリノレン酸の植物生長調節における役割」『植物の生長調節』40、2005年、pp.90-100

Sablowski, R. (2007) Flowering Newsletter Review: Flowering and determinacy in Arabidopsis. *J. Exp. Bot.* 58: 899-907

田岡健一郎・島本功「花成ホルモン"フロリゲン"の構造と機能」領域融合レビュー、2、e004、DOI: 10.7875、2013年

Hisamatsu, T. and King, R. W. (2008) The nature of floral signals in Arabidopsis. II. Roles for FLOWERING LOCUS T (FT) and gibberellin. *J. Exp. Bot.* Doi: 10. 1093/jxb/lem232

Yokoyama, M., Yamaguchi, S., Inomata, S., Komatsu, K., Yoshida, S., Iida, T., Yokokawa, Y., Yamaguchi, M., Kaihara, S. and Takimoto, A. (2000) Stress-induced factor involved in flower formation of Lemna is an α-ketol derivative of linolenic acid. *Plant Cell Physiol.* 41, 110-113

Kittikorn, M., Okawa, K., Ohara, H., Kotoda, N., Wada, M., Yokoyama, M., Ifuku, O., Yoshida, S., and Kondo, M. (2011) Effects of fruit load, shading, and 9, 10-ketol-octadecadienoic acid (KODA) application on MdTFL1 and MdFT1 genes in apple buds. *Plant Growth Regul.* 64, 75-81

Taoka, K., Ohki, I., Tsuji, H., et al. (2011) 14-3-3 proteins act as intracellular receptors for rice Hd3a florigen. *Nature* 476: 332-397

第2章
植物と極寒とのコミュニケーション
― 休眠と発芽（秋・冬から春へ）―

1. はじめに

　私たち植物は人や動物などと異なり、生活の場所を移動することができないことから、自然環境の変化を鋭敏に感受してそれに応答し、生命の維持や種の繁栄を図る"知恵（自然環境とのコミュニケーション）"を備えています。日本列島のような中緯度温帯には、一年を通じて巡りくる四季があります。四季の中で生き物の生存にとって厳しい季節が冬季、特にその極寒（低温）期です。
　本章では自然環境として、私たち植物の生死に直結する、冬季の極寒に対するコミュニケーションを取り上げて解説します。

2. 冬季の極寒と植物とのコミュニケーション

　冬季の極寒に対応する"知恵"として、私たち植物は冬季の到来前にあらかじめ成長を停止し、極寒に耐えられる体制（器官）を構築し、冬季を迎えます。同時に、冬季にたまたま訪れる温暖な気候（小春日和）に簡単に反応して成長を開始すると、その後の極寒に耐えられず死に至るといったことが考えられることから、十分な低温期間（冬）を経て、確実に温暖な季節（春）になってから成長（発芽）するという"知恵"も備えています。このような私たち植物の機能は、休眠（dormancy）と呼ばれています。
　休眠に入る前に、極寒（冬季）の到来をどのようにして知るのでしょうか。

樹木を例にとってみると、樹種にもよりますが、前年に枝先に作られた冬芽が春の到来とともに膨らみ、そこから若葉が展開し、夏には立派な葉と花芽が作られ、花が咲きます。秋になると葉が散り始め、枝先にはいかにも冬季の極寒に耐えられる防寒具のような鱗片葉で被われた冬芽（図2-1）が形成され、本格的な寒期に備えます。

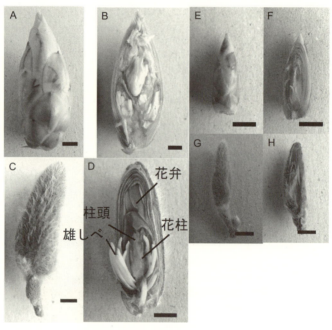

図2-1　樹木の冬芽（花芽と葉芽）

樹木種によっては夏から秋の短日条件で花芽や葉芽が形成され、それらが冬芽となって越冬して翌春発芽します。写真は越冬して休眠が醒めた時期の鱗片葉で被われたセイヨウシャクナゲ（*Rhododendron hybridum*）の花芽（A：外観、B：内部）や葉芽（E：外観、F：内部）と、細かい毛の生えた鱗片葉で被われたシデコブシ（*Magnolia stellata*、ヒメコブシ）の花芽（C：外観、D：内部）や葉芽（G：外観、H：内部）です。これらの樹種では、休眠に入る時点で翌春発芽すべき花（花芽）や葉（葉芽）が分化していることを窺い知ることができます。特にシデコブシ花芽（D）では、花弁、雌しべの柱頭と花柱、および雄しべが顕著です。また、セイヨウシャクナゲ（B）では1つの花芽（蕾）に複数の花芽が含まれています。図中のスケール・バー（━）は5mm。

このような季節の変遷を見てみると、気温と昼の長さ（日長）の変化が考えられます。気温は、夏の終わり頃から日によって上がったり下がったりの変動を繰り返しながら徐々に下がります。昼の長さは、夏至を境として安定して冬至まで短くなります。そこで、私たち植物は気温の変化とともに、おもに日長が短くなる（短日である）ことを植物体（特に葉）で感受して冬季の到来が近いことを知るのではないか、そして休眠の準備に入るのではないか、と考えられています。他方、一度休眠に入ってしまった植物体（休眠器官）は、冬季の極寒すなわち低温を感受して、休眠から覚醒して来るべき温暖な春に成長を再開（発芽）するために待機しているのではないかと考えられています。

このように見てくると、私たち植物は、休眠の開始と終わり（休眠から発芽までの時期）を、それぞれおもに日長（この場合は短日）と気温（低温）をシグナルとした冬季とのコミュニケーションを通して、決めていると考えられるのではないでしょうか。私たち植物は、避けることのできない冬季の極寒を一方ではしのぎ、他方では必須として生命をつないでいるのです。

本章では休眠のメカニズムを、特異な休眠性を有する"ヤマノイモ属（*Dioscorea*）植物のむかご"（図2-2）を中心にしてお話しします[1,2]。ヤマノイモ（*D. japonica*）やナガイモ（*D. opposita*）の蔓に付いている葉柄の根元の腋芽が、夏の初め頃から徐々に肥大し、秋には2〜3cmのむかご（無性芽：bulbil）を形成します。その時点でむかごは完全な休眠性を獲得しています。その後、落葉とともにむかごは地上に落下し、極寒の冬季を発芽・成長せずに過ごします。翌年春先の温暖な気候とともに発芽・成長を開始し、その芽生えはヤマノイモやナガイモの植物体になります。ヤマノイモと同様に、葉柄の基部にむかごを生じるシュウカイドウ（*Begonia evansiana*）の葉がついた切枝を用いた実験でも、短日条件を感受するのは葉で、短日期間の長さに応じて葉柄に生じたむかごは肥大し、休眠も深まることが明らかにされています。

草本植物（ナガイモやヤマノイモ、シュウカイドウなど）のむかごの休眠に関する研究は、東

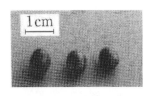

図2-2　むかごの写真

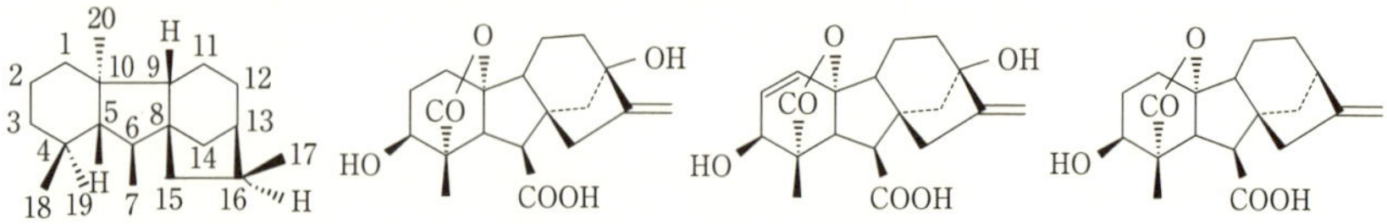

図2-3 ジベレリンの基本骨格と活性型ジベレリン

北大学の長尾昌之教授の研究室で集中的に活発に行われてきました。シロイヌナズナやレタスの種子、ジャガイモ塊茎など多くの植物の休眠が、植物ホルモン・ジベレリン（gibberellin：GA、以下 GA という。図2-3）処理で覚醒（打破）されるのに対し、逆に、シュウカイドウのむかごの休眠は GA によって誘導されること（GA-誘導休眠）が長尾教授と三井博士（1959年）によって発見されました。それ以来、ナガイモやヤマノイモのむかごでも GA-誘導休眠を発見した岡上（前 千葉大教授）をはじめ[3,4]、多くの門下生によって貴重な研究が発表されてきました。

3. 休眠を誘導する休眠物質

私たち植物の休眠の生理的メカニズムに関する研究は、休眠を引き起こす物質（休眠誘導物質、休眠物質）を明らかにすることから始まったといっても過言ではありません。いろいろな植物からいろいろな休眠誘導物質が取り出されてきましたが[2]、その中でもアブシシン酸（abscisic acid：ABA、以下 ABAという。図2-4）については特筆に値するでしょう。

1949年スウェーデンのヘンバーグ（T. Hemberg）によってジャガイモの芋（休眠塊茎）から抽出された成長抑制物質（後に β-inhibitor と命名）が休眠物質であることが明らかにされたのが、その最初でした。その後、イギリスのウェアリング（P. F. Wareing）らはカバノキなどの樹木の休眠芽から β-inhibitor に相当する物質を取り出し、休眠の英語名にちなんでドルミン（dormin）と命名しました。一方、1963年アメリカでアディコット（F.T. Addicott）らによって、ワタの果実を落下させる器官離脱（abscission）物質

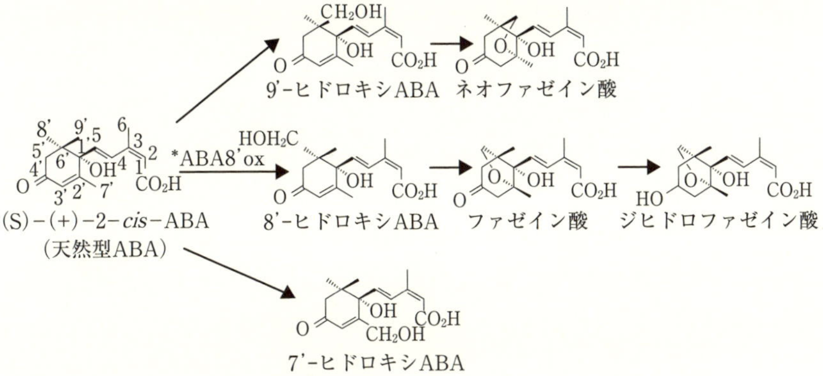

図中:
- (S)-(+)-2-*cis*-ABA（天然型ABA）
- 9'-ヒドロキシABA
- ネオファゼイン酸
- *ABA8'ox
- 8'-ヒドロキシABA
- ファゼイン酸
- ジヒドロファゼイン酸
- 7'-ヒドロキシABA

*ABA8'ox：アブシシン酸8'位水酸化酵素

図 2-4　アブシシン酸とその水酸化による異化経路
（丹野（2011）[1] を改変）

が取り出され、アブシシンⅡ（abscisin Ⅱ）と命名されました。このアブシシンⅡと先のドルミンとの化学構造が一致したことから、これらの物質は1967年カナダのオタワで開催された第6回国際植物成長物質会議でABAとして統一されました。

　今日では一般に、ABAは種子や樹木の越冬芽などで休眠を誘導していると考えられています。また、ABAは早くから休眠を覚醒して発芽を促進するGAの拮抗阻害剤として知られていました。ABAは炭素数15（C15）からなり、高等植物ではカロテノイドを経由して生合成され、8'-ヒドロキシアブシシン酸（8'-hydroxyABA、以下8'-ヒドロキシABAという）を経てファゼイン酸（phaseic acid）からジヒドロファゼイン酸（dihydrophaseic acid：DPA、以下DPAという）に代謝（異化）され、活性を失うと考えられていました。今日では異化経路にはABAのC-8'位とC-7'位、さらにC-9'位を水酸化する3つの水酸化経路が存在し、その最終産物はそれぞれDPA、7'-ヒドロキシアブシシン酸（7'-hydroxyABA、以下7'-ヒドロキシABAという）、ネオファゼイン酸（neophaseic acid、以下ネオPAという）であることが知られています（図2-4）[1,5]。

　近年シロイヌナズナ種子などでABAの分子遺伝学が発展し、ABA生合成

の鍵酵素遺伝子である 9- シス - エポキシカロテノイドジオキシゲナーゼ (9-*cis*-epoxycaroteinoid dioxygenase) 遺伝子 (以下 *NCED* という) や ABA 代謝 (異化) の鍵酵素遺伝子であるアブシシン酸 8' 位水酸化酵素 (ABA8'-oxidase) 遺伝子 (以下 *ABA8'ox* という) が単離されました。一般にシロイヌナズナ種子や樹木の冬芽などの休眠誘導過程では、*NCED* の発現が促進され、一方で *ABA8'ox* (別称 *CYP707A*) の発現が抑制されることによって ABA の内生量が増加するように調節されていると考えられています。休眠から覚醒するときには *NCED* の発現が低下し、ABA の内生量は減少します。アメリカミヤマゴヨウ (マツ属) やヒノキ属の種子でも同様の傾向が見られます。

4. むかごの休眠誘導物質

ヤマノイモ属植物のむかごの休眠誘導物質について、考えてみましょう。むかごの休眠が GA によって誘導されることはすでに述べました。それでは、GA がむかごの休眠を直接誘導しているのでしょうか。それとも GA 以外の休眠誘導物質 (成長抑制物質) を介して、むかごの休眠を間接的に誘導しているのでしょうか。

GA は一般に植物の伸長成長を促進する植物ホルモンであることから、これまで前者の考え方よりは後者の方の可能性が検討されてきました。その GA_3 処理されたシュウカイドウのむかごの酸性分画と中性分画に抽出される成長抑制物質の中、特に中性成長抑制物質が顕著に増加することが、その生物活性を指標とした実験から示唆されました。しかしその活性物質は取り出されませんでした。

ナガイモのむかごの GA- 誘導休眠でも中性成長抑制物質が注目されてきました。橋本・長谷川ら (1972 年) によって、GA 処理したナガイモのむかごから中性成長抑制物質 (発芽抑制物質) を検索する試みがなされました。その結果、3 種類のバタタシン (batatasin I、II、III) という中性のフェノール性物質が取り出され、バタタシンがナガイモむかごの休眠誘導物質であると考えら

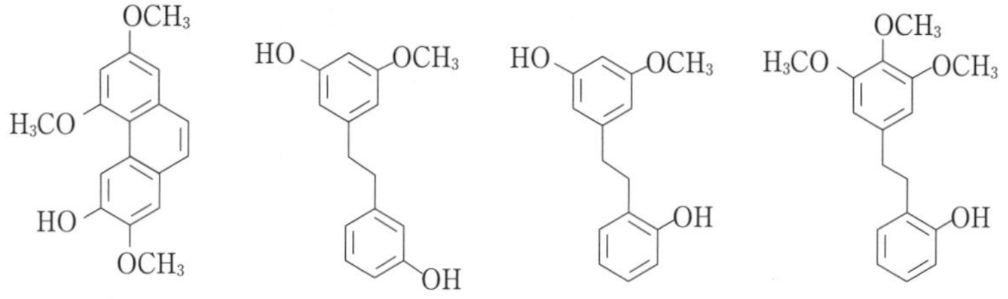

第2章 植物と極寒とのコミュニケーション―休眠と発芽（秋・冬から春へ）

図2-5　バタタシン類の化学構造
（El-OlemyとReisch（1979）を改変、丹野（2011）[1]から引用）

れました[6]。今日までに5種類のバタタシン（バタタシンⅠ、Ⅱ、Ⅲ、Ⅳ、Ⅴ）が構造決定されています（図2-5には4種類）。化学合成されたバタタシンは熱帯産ヤム（yam、英語でのヤマノイモ属植物の総称）の地下器官（ヤマノイモ属植物の塊茎・根茎の総称で、この器官にもGA-誘導休眠があります）の休眠を促進しますが、その効果はGA_3処理より小さいとの報告があります。

　キム（Kim）ら（2002年）は、ツクネイモ（ナガイモの一品種）のイモ（地下器官）を4℃で保存中（低温処理と同様で、この期間中に徐々に休眠が覚醒されます）でのバタタシンⅢとABAとの内生量の消長を、生物活性による方法より確実で正確な物理化学的方法によって定量し、バタタシンがABAよりも遅れて減少したことから、バタタシンがABAよりも休眠に関与している可能性が高いことを示唆しました。キムらのこのような結果は、GA-誘導休眠とバタタシンやABAとの関係を考えるうえで参考になります。

5. ヤマノイモ属植物の内生ジベレリン

　以前より、ヤマノイモ属植物の休眠しているむかごがGA生合成阻害剤（ウニコナゾールなど）処理によって発芽すること（図2-6）から、むかごの休眠に内生GAが関与していることが示唆されていました。1992年になって、丹野・岡上らによってナガイモのむかごに含まれる内生GAが検索され、それらの化学構造が解析されました。その結果、活性型GAであるGA_1とGA_3、

図2-6 ヤマノイモの半休眠むかごにおけるウニコナゾールとフルリドンによる発芽促進
フルリドンはカロチノイド経由のABA生合成阻害剤なので、明所培養にもかかわらず芽生えの色素形成が阻害されています。（丹野（2011）[1]から引用）

GA_4 を含めて9種類のGA類が取り出されました。

　ここで改めて、GAの生合成について見てみます[5]。GAはエント-ジベレラン骨格を有するC19、またはC20からなる一群の化合物（図2-3）で、その生合成経路には、経路の途中で最初に合成されるC20からなるGAである GA_{12} を境にしてそれ以降に2つに分岐し、一方は最終的に活性型の GA_1 や GA_3 （多くの植物で活性型は GA_1）が合成されるC-13位水酸化経路（GA構造の13位の炭素（C-13位）が水酸化されたGAからなる経路）と、他方ほかの活性型である GA_4 が合成されるC-13位非水酸化経路（C-13位が水酸化されていないGAからなる経路）との2つの経路が知られています。多くの植物ではC-13位水酸化経路が主要なGA合成経路と考えられていました。

　今日では、シロイヌナズナ（GA_4 が活性型）で、上記の2つの経路を分岐する鍵酵素である GA_{12} のC-13位を水酸化する酵素の遺伝子が単離されたことから、もともと植物に備わっていたGA生合成経路はC-13位非水酸化経路で、そこからC-13位水酸化経路が派生したと考えられるようになりました[5]。シロイヌナズナの種子は低温処理によって休眠が覚醒され発芽しますが、それは低温によってC-13位非水酸化経路上で活性型 GA_4 を合成する酵素遺伝子の発現が高められ、結果として GA_4 の内生量が多くなるためです。

　むかごから取り出された GA_1 と GA_3、GA_4 の3種類の活性型GAの中で、

GA$_4$ が最もむかごの休眠誘導効果が強いこと（図2-7）が明らかになりました。このことは、ヤマノイモ属植物のむかごには C-13 位水酸化経路と C-13 位非水酸化経路の 2 つの GA 生合成経路が稼働し、特に後者の経路が活発にむかごの休眠を誘導している可能性を示唆しています。

韓国のキムら（2005 年）は、ナガイモの一品種ツクネイモのむかごの低温（4℃）保存期間中での GA の内生量の消長を比べ、その結果から GA$_4$ などの C-13 位非水酸化経路が休眠により深く関与していると考えています。

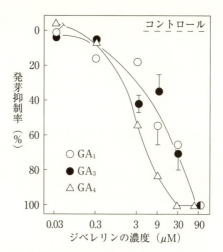

図 2-7　ナガイモのむかごにおけるジベレリンの発芽抑制

低温処理によって完全に休眠が解除されたむかごを 3 種類の活性型 GA で培養しました。（Tanno ら（1995）を改変、丹野（2011）[1] から引用）

6. むかごの内生アブシシン酸

ヤマノイモでもむかごの GA- 誘導休眠に ABA は関与しているのでしょうか。1991 年、岡上らによって、ナガイモやニガカシュウのむかごでは GA 処理によって中性成長抑制物質だけでなく酸性成長抑制物質の内生量も、その生物活性を指標にした定量から増加することが報告されました。この酸性物質の中に ABA も含まれている可能性が考えられますが、当時、ここから ABA の単離・同定は試みられませんでした。翌 1992 年、ヤマノイモのむかごから ABA が取り出されました。

1990 年代に入って、入手しやすくなった天然型 ABA(S-(+)-ABA) は、休眠から醒めたヤマノイモのむかごの発芽を抑制しました。さらに、休眠から醒めつつあるヤマノイモのむかごの発芽が、ABA の生合成阻害剤として知ら

れるフルリドン処理によって促進されることが丹野らによって観察されました（図2-6）。これらのことは、ヤマノイモの発芽抑制に内生ABAが関与していることを示唆しています。

ABAはGAに比べて不安定な物質であるためか、ABAの発芽抑制の濃度はGAの抑制濃度より高く、またABAによる発芽抑制はGAによる抑制に比べて持続性に乏しい傾向にあります。けれども、ABAがヤマノイモのむかごの休眠に関与している可能性は否定できません。しかも、ヤマノイモのむかごでもDPA、7´-ヒドロキシABA、ネオPAが物理・化学的に検出されたことから、3つの水酸化経路が稼働していることは明らかです（図2-4）。

それでは、ヤマノイモのむかごでABA代謝酵素遺伝子（合成と異化）の発現はどのようでしょうか。ヤマノイモのむかごの芽生えから2種類の*NCED*と3種類の*ABA8´ox*が単離されています。むかごの*NCED*の発現はGA処理によって高められ、他方*ABA8´ox*の発現はGA処理によって低められました[7]。このことから、むかごのABA内生量はGA処理によって高められる可能性が示唆されます。そして確かに、むかごの内生ABA量がGA処理によって高められることが、物理化学的方法による定量によって確認されました。このことは、GAはABA代謝酵素遺伝子の発現を調節し、その結果

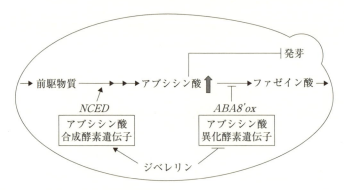

図2-8 ヤマノイモのむかごにおけるジベレリンによるアブシシン代謝酵素遺伝子の発現調節
　　　→：促進、⊥：抑制
（吉田ら（2008）[7]、丹野（2011）[1] から引用）

ABAの内生量を調節することによってむかごの休眠を誘導・維持していることを示唆します（図2-8）。しかし現時点では、GAが直接ABA代謝に関与しているか、または間接的かは定かでありません。ヤマノイモ属植物には7'-ヒドロキシABAの内生量が多いという特徴があり、7'-ヒドロキシABAにはABA様の生物活性があることが知られているので、7'-ヒドロキシABAもむかごの休眠に関与している可能性が考えられます。

7. 休眠に関連する遺伝子

　ここで、最近の休眠に関する分子遺伝学的研究の動向に触れます。一般には、休眠のメカニズムについての遺伝子レベルの解析は、モデル植物であるシロイヌナズナ種子を中心にして、GAやABAなどの植物ホルモンの代謝（合成と異化）とその代謝酵素遺伝子の発現を通して検討されてきました。近年のゲノム科学の発展にともなって、落葉性果樹などの休眠芽（側芽や花芽）から休眠関連遺伝子が単離され、その休眠における関与機構の解析がされつつあります。

　休眠関連遺伝子として、モモ、セイヨウアンズ、ウメ、ヤマナシ（ニホンナシ）や雑種ヤマナラシなどの花芽や側芽で、*DORMANCY-ASSOCIATED MADS-box*遺伝子（以下*DAM*という）が単離されています[8]。*MADS-box*（ボックス）遺伝子（以下*MADS-box*という）とは、遺伝子の近傍の特定のDNA領域（遺伝子はDNAの一部で、DNAの遺伝子領域以外の領域）に結合してその遺伝子が発現するために必要な約60個のアミノ酸からなる配列（MADSドメイン、それに対応する塩基配列がMADSボックス）を有する転写因子（タンパク質）を生成する一群の遺伝子です。*MADS-box*は花器官（花は植物体を構成する器官の一つ）の構築に関与する遺伝子としても知られ、休眠関連遺伝子*DAM*も*MADS-box*の仲間です。*DAM*の発現は休眠芽で高く、休眠覚醒とともに低くなります。

　休眠覚醒して発芽するために越冬することが必要なように、花をつける（花成）ために冬季の極寒にさらされることが必要な植物があります。このように、一定期間の低温によって花成（花芽形成、開花：lowering）が誘導される現象

を春化と呼びます。春化（春化処理：vernalization）は1928年ルイセンコ（D. T. Lysenko）によって、秋蒔き春咲きのコムギやオオムギで提唱されました。最近、春化の調節の仕組みが遺伝子レベルで明らかになってきて[9,10]、春化には休眠覚醒と共通の制御機構がある可能性が示唆されています。

シロイヌナズナにも越冬一年生の系統があります。この系統は春化要求性で秋に発芽し、ロゼット型葉を形成して越冬、翌春茎が伸びて開花します。このような系統では、*MADS-box* に属する花成抑制遺伝子 *FLC* が発現していて、それが花成誘導遺伝子 *FT* の発現を抑制しています。*FT* が翻訳されたFTタンパク質は、長年の間その化学的実体が不明だった花成ホルモン（フロリゲン：florigen）であると考えられています。越冬（一定期間の低温）によって *FLC* の発現が抑制されると、日長（光周性、シロイヌナズナでは長日）による *FT* の発現が可能になり、結果として花成が導かれます。

ニホンナシ（品種：幸水）の休眠芽（側芽）では、越冬して翌春発芽します。冬季の低温を経験して *DAM* の発現は低下しますが、*FT* の発現は増加することが報告されています。*DAM* と *FT* とのこのような傾向はポプラの休眠芽でも見られますが、*DAM* と *FT* が同じ制御経路で作動しているのか、または独立に作動しているのかは今後の課題です。

春化における *FLC* と休眠における *DAM* との発現には同じような、遺伝子領域のクロマチン（クロマチンはDNAがヒストンというタンパク質に巻きついた構造からなっています）の構造変化による制御（ヒストンが関わっていて、エピジェネティック制御と呼ばれます）が関係していることが明らかになりつつあります。

8. おわりに

ヤマノイモ属植物の特異な休眠、「GA-誘導休眠」において、GAは間接的にGA以外の成長抑制物質を介して休眠を誘導しているという可能性が検討され、その候補物質としてバタタシン類とABAが提案されてきました。化学合成されたバタタシン類とABAとの休眠誘導効果は、GAに比べて劣るなどの

問題が指摘されています。分子レベルでのさらなる詳細な検討が望まれます。そもそも、一般に休眠を覚醒する GA が、なぜヤマノイモ属植物では休眠を誘導するように働くのか、その切り替えスイッチのような仕組みについてはいまだに謎のままなのです。

あえて ABA についていえば、ヤマノイモ属植物ではいまだ *DAM* などの休眠関連遺伝子は確認されてはいませんが、ニホンナシ休眠芽で *DAM* と ABA 代謝遺伝子や ABA 情報伝達経路に関わる遺伝子の発現との相互関係が示唆されていることなどを考え合わせると、ヤマノイモ属植物の GA- 誘導休眠にも ABA が関与している可能性は高いと考えられます。ヤマノイモ属植物の GA- 誘導休眠の生理的仕組みを解明するためには、ヤマノイモの網羅的な遺伝子解析や休眠関連遺伝子の同定がその手掛かりになると期待されます。

引用文献

1) 丹野憲昭　第9章「休眠」長谷川宏司、広瀬克利編『最新　植物生理化学』大学教育出版、2011年、pp.226-305
2) 丹野憲昭　第1部第4章第3節「休眠のしくみ」植物生理化学会編集、長谷川宏司監修『植物の知恵とわたしたち』大学教育出版、2017年、pp.192-221
3) 岡上伸雄「ヤマノイモ科の植物学上の特徴」Dioscorea Research No.1, Research Group of Dioscoreaceae Plants（RGDP）、1998年、pp.43-53
    "Dioscorea Research No.1"にはヤマノイモ科の植物、休眠性の特徴などが、ヤマノイモ研究者によって種々紹介されている。No.1 以降続刊されていないので、ヤマノイモ会（RGDP）のホームページを参照ください。www.iwate-pu.ac.jp/~hiratsuka/yamanoimo/
4) 岡上伸雄「草本植物の休眠芽の比較生理」『植物の化学調節』2、1967年、pp.121-124
5) 浅見忠男、柿本辰男編著　植物化学調節学会協力『新しい植物ホルモンの科学　第3版』講談社、2016年
6) 橋本徹「植物の新休眠物質バタタシン」『理化学研究所ニュース』36、1973年、pp.1-2
7) 吉田隆浩、古井丸葉月、Haniyeh Bidadi、清水和弘、豊増知伸、遠藤亮、南原英司、神谷勇治、岡田勝英、岡上伸雄、丹野憲昭「ヤマノイモの GA- 誘導休眠における ABA 代謝酵素遺伝子の発現」『日本植物学会第72回大会研究発表記録』2008年、p.234
8) Yamane, H. (2014). Regulation of bud dormancy and bud break in Japanese apricot (*Prunus mume* Siebold & Zucc.) and peach [*Prunus persica* (L.) Batsch]: A summary of recent studies. J. Japan. Soc. Hort. Sci. 83, 187-202

9) 山口礼子、阿部光知、荒木崇「花芽をつくるときを決める制御システム ── 長期記憶を担うエピジェネティックな制御と長距離シグナルによる制御 ── 」『蛋白質核酸酵素』51 (6)、2006 年、pp.430-440

10) 相川慎一郎、工藤洋「季節を測る分子メカニズム：遺伝子機能のイン・ナチュラ研究」種生物学会編、永野惇、森長真一責任編集『ゲノムが拓く生態学 ── 遺伝子の網羅的解析で迫る植物の生きざま ── 』文一総合出版、2011 年、pp.89-108

第 2 部
植物と生物とのコミュニケーション

　植物の生活圏に侵入する人間以外のさまざまな生物と植物との間で交わされる「植物と生物とのコミュニケーションのメカニズム」について、科学者によって解明された研究成果を植物サイドに立って解説していただきました。第1章では植物と動物とのコミュニケーションを、第2章では異種植物の間で交わされるコミュニケーションを、さらに第3章では植物と微生物とのコミュニケーションのメカニズムを取り上げました。

第1章
植物と動物とのコミュニケーション

1. 共に歩んできた歴史

　私たち植物と動物とのコミュニケーションは、なんと恐竜時代にまでさかのぼります。今からおよそ4億年前、陸上にはまだ動物がいなかった時代から、私たちは姿を現しました。それまでは、アオサやクロレラのような緑藻類として水の中で生活していましたが、その時に光合成を行っていたシアノバクテリアという細菌が私たちの体に共生してくれたことによって葉緑体が形成され、このことが私たちのその後の運命を大きく変えたのです。

　まず、緑藻類であるシャジクモに近い仲間から陸上に進出するものが現れ、陸上で生活できる体を獲得してコケ類へと進化していったのです。その後にシダ類が誕生し、私たちは水辺の世界を覆い尽くしてきました。

　ようやく3億5,000万年前にこの森を目指して昆虫やクモの仲間、人の祖先である両生類や恐竜が陸に上がってきました。このとき、私たちの仲間はまだほとんどがコケ・シダ類でした。ですので、水の中を精子が泳いで造卵器にたどり着くことによって生殖が成り立っていたので、水辺が必須で遠くには住めませんでした。だから、両生類や節足動物類などの動物たちも私たちと同じ水辺の近くに暮らしていたのです。

　このときに、私たちは平地を這って生活するようになり、それがやがて埋め尽くされると、今度は競うようにして上へ上へと伸びていき、自らの重さに耐えられるように幹を開発しました。実はこれが達成できたのは、動物細胞には

ない細胞壁を私たちが持っていたからなのです。そして枝には大量の葉をつけ、効率的な光合成を行うことができるようになったのです。そしてこの進化の過程で、3億2,000万年前に私たちには胞子ではなく種子を作る仲間、すなわち裸子植物が生まれました。

　これまでのコケ・シダ類たちと大きく異なるのは、花粉管によって精子を卵まで導くことができるようになったことです。また、種子を持つようになったことから、胞子と違って乾燥した大地でも半永久的に生き続け、雨によって発芽することができるようになりました。2012年にロシアの永久凍土（ここからマンモスの骨も見つかっています）で発見されたナデシコの種子が、約3万2,000年もの眠りから醒めて発芽し、花をつけたことがニュースにもなりましたね。また、種子の形成ができるようになったときに、花粉を風に飛ばして受粉する方法（風媒）を開発することで、遠くまで行けるようになったのです。したがって、水辺でなくても子孫を残すことができるようになりました。生命史の中でもたった5,000万年ほどで、私たちは、上陸、繁殖法の進化、種子の開発、巨大化と、目覚ましい進歩を遂げたのです。

　その後、2億3,000万年前の三畳紀に大規模な大陸活動が始まり、活発な火山活動の影響で、地球上の二酸化炭素濃度が現代の4〜6倍にもなっていたのです。そこで光合成を行う能力があり、また乾燥にも強い私たちは、大陸全土に広がっていくことができたのです。その頃に私たちを食べるさまざまな草食動物が登場しました。トカゲやワニなどの祖先である大型爬虫類、そして草食恐竜が誕生しましたが、その時はまだ体長が1mにも満たない小さなものだったので、地表近くのシダ類やコケ類しか食べられなかったのではないかと考えられています。

　でも、私たちの仲間である30mをも超す針葉樹林たちは、上部に青々とした葉を蓄えていましたので食べられずに済んだのです。そこで、恐竜たちはこの葉を食べるべく5,000万年もの時間をかけてその体を巨大化し、やがてジュラ紀において最大の陸上動物となったのでした（図1-1）。今まさに博物館で見ている巨大恐竜は、私たちのおかげで身長が伸びたのですね（笑）。このことが、他の背の低かった動物たちよりも恐竜たちが大いに繁栄した理由でもあ

るといわれています。

しかしながら、その頃の草食恐竜は巨大な体を持ちながら頭は馬ほどしかなく、歯は貧弱で噛み砕く力は弱々しいものでした。そこで、石を飲み込んで胃の中で私たちをすり潰していたようです。この石（胃石と呼ばれています）が、恐竜たちの化石からたくさん見つかっています。恐竜たちは大食漢で（1日あたり600kgから1tも食べていたといわれています）、私たちは次々と食べられてしまいましたが、その代わりに草食恐竜を餌とする肉食恐竜も現れてきました。もちろん、私たちを餌としていたのは恐竜たちだけではありません。小さな昆虫たちも、私たちの葉を食べたり幹に穴をあけて汁を吸ったりして餌としていたので厄介ものでした。私たちは報われることなく、ジュラ紀の生態系をただただ支えていたのです。

図1-1　恐竜と針葉樹

　ところが、1億3,000万年前に救世主が現れたのです（やった！）。それが花をつける植物すなわち被子植物でした。これまで動物たちにただ食べられるだけだった私たちは、花をつけることで昆虫たちを招き花粉を運んでもらいました。これにはコガネムシの祖先が関わっていると考えられており、彼らが花粉をつけて他のめしべに届けてくれたことで種子が作られるようになったからでした。つまり私たちは、昆虫たちにいっぱい花粉を運んでもらうために彼らを惹きつけようと、花粉を囲む葉を色鮮やかにしました。これが花の誕生につながったと考えられています。あまり知られていませんが、ハチドリのような鳥たち、ならびにコウモリやモモンガなどの哺乳類たちも花粉を運んでくれていたのですよ。ここでようやく動物たちと共存共栄していく道が開けたのです。

　このことが、私たちのさらなる勢力の拡大にもつながっていきました。もちろん、そのことは重要なのですが、私たち植物にとってもっと画期的だったこ

とは、花をつけて実を結ぶことで世代交代が早くできたことです。これまでの裸子植物は花粉がめしべに届いてから受精が完了するまで半年から1年ほどかかっていましたが、被子植物は数分から遅いものでも24時間程度で受精が完了します。したがって、自分自身の進化がどんどん進んだことが繁栄の源ともなったと思います。花はやがて花粉よりも魅力的な蜜を作るようになり、これまで以上に多くの昆虫や鳥などの仲間を作ることができました。このときに、花と動物との関係が特異的になり、お互い同士がより特異的にコミュニケーションを図るために発展（共進化と呼ばれています）していったと考えられています。

やがて白亜紀に、二酸化炭素濃度が上昇したことに伴って地球温暖化が進み、同時に乾燥化が進行してきました。それにより、巨大シダ類たちの生育環境は悪化し、裸子植物たちと被子植物たちの生存競争となりましたが、圧倒的に繁殖力や成長力の高い被子植物たちが勢力を拡大したために、シダ類や裸子植物たちが寒い地方へ追いやられてしまいました。したがって、巨大な森でたらふく食べていた巨大恐竜たちは徐々に衰退することとなりました。裸子植物に慣れていた恐竜は、被子植物をうまく食べることができなかったのではないかと考えられています。この中でもトリケラトプスだけは、この被子植物を餌にすることができたため生き延びたと考えられています。

いずれにせよ、森林が減少していくとともに巨大恐竜たちの姿が消えていき、ここに恐竜時代の終焉を迎えたのでした。そこで台頭してきたのが、人の祖先であるネズミほどの大きさの哺乳類でした。当初は昆虫を食べていた哺乳類は、やがて被子植物を食料として利用するようになり、果物や実を食べることによって種子をさまざまな場所に運んでくれたのです。彼らに気に入ってもらえるよう色鮮やかな実をつけ、その果肉の中に発芽抑制物質を仕込んでおいて、彼らの体内で消化される間に発芽が促進されるように知恵をつけました。また、形態も工夫しました。種子の周りにカギやトゲをつけたり粘液をまとったりして、彼らの体にくっついて運んでもらいました。こうして動けない私たちでも、どんどん勢力を拡大することができたのです。

もちろん、その一方でどんどん食べられてもしまいます。それでも私たち

は、休眠している芽から新しい枝を伸ばしたり（頂芽優勢の解除。後述）、光合成活性を増やしたり、貯蔵器官からエネルギー源の転流をしたりして耐えてきました。ところで、まだ細々と生きていた恐竜たちに大事件が勃発します。それが巨大隕石の衝突です。これにより、大量の粉塵が地球全体を覆ってしまい、暗黒の世界になりました。こんな中でも哺乳類たちは何とか耐え忍んできたのです。まさに私たちと共存共栄できてきた生物が生き残ったことになりますね。

2. 特異な関係

こうして、私たち植物と動物とは持ちつ持たれつで繁栄してきたのです。

特に、氷河期の中をたくましく生き残ったのがジャイアントパンダです。パンダが竹や笹を主食としているのは知っていますよね。ではなぜでしょう。それは、この厳しい氷河期を生き残るためだったと考えられています。そう、こんな厳しい寒さの中でも枯れることがなかったのが竹や笹だったのです。パンダはもともと肉食の動物だった（草食動物の腸は体長の数十倍ですが、肉食動物では数倍程度で、パンダの腸は数倍しかありません）ようですが、雑食から竹や笹を食べるように進化したと考えられています。でも、体は肉食系ですので植物の消化率は低く、そのため一日のほとんどの時間を食べるために費やしています。特に、固い竹を噛んでいたので頬の筋肉が発達して、今のような可愛らしい顔つきになったといわれています。また、パンダの前足には、5本の指の左右に、第6、第7の指といわれている骨のでっぱりのようなものがあり、このおかげで滑りやすい竹を上手に掴んで食べることができるのです（図1-2）。

ところで、パンダのウンチは臭くなく、ほとんどが繊維質だったので、中国ではそれから紙を作ってお土産にし

図1-2　パンダと竹

ているところもあるようです。

　一方で、特定の植物だけをエサとする動物としては、コアラがいますよね。コアラは油分も多く毒性物質の青酸を含むユーカリの葉っぱを主食としています。元からユーカリを食することができたわけではなく、長い年月をかけて盲腸を発達させ、ユーカリの毒成分を分解できるようになったと考えられています。なぜ、そうまでして食べるのでしょうか。コアラは動きが鈍いため他の動物と同じものを食べていたら競争には勝てませんし、外敵にも狙われてしまいます。そこで、他の動物が食べないユーカリを食するために、その毒性を分解できる体へと進化させたと考えられています。その際に盲腸の中に毒成分を分解する腸内細菌を獲得したのです。でも、産まれたばかりの赤ちゃんはその細菌を持っていません。そこで、母親が自分のウンチ（実際はウンチではなく、ユーカリの葉を消化してできた「パップ」と呼ばれているもの）を赤ちゃんコアラに食べさせることで、毒成分を分解できるようになるのです。

　「ネコにマタタビ」という言葉をよく耳にしたことがあるかと思います。これは、マタタビに含まれるマタタビラクトンおよびアクチニジンという物質が、ネコの中枢神経に作用して興奮・陶酔状態にさせるからです。ネコは、口蓋の奥に「ヤコブソン器官」または、「鋤鼻器官」と呼ばれる特殊な器官を持っており、ここでこの物質を感知するようです。その結果、リラックスした状態となり、床や地面を転げ回ったり、いろいろな場所に身体をこすりつけたり、気持ち良さそうにゴロゴロと喉を鳴らしたりします。この物質は、ほかにもキウイやイヌハッカなどにも含まれており、トラ、ヒョウ、ライオンなど他のネコ科の動物にも同様の効果を示すことが知られています。

3. 人の毒にも薬にもなる

　私たち植物と哺乳動物とのコミュニケーションで重要なのは、やはり動物がどの種の植物を食物として選択するかということになるかと思います。そのことを明確に示すのが家畜の餌ではないでしょうか。そこで、私たちの体に含まれる成分と家畜の関係を少し見ていきましょう。

まず、ショ糖のような糖類ですが、これは人も含めて多くの動物が好みますよね。でも子ウシはショ糖を好みますが、ヒツジはショ糖よりも甘くなく小さな分子のブドウ糖を好むようです。

　次にタンニン類ですが、人では渋味を感じますよね。同様にウシやシカはタンニン含量の高い植物を嫌うようです。しかしながら面白いことに、このような反芻動物にとってはタンニン類が有益であることもあります。それは、反芻胃にガスがたまってしまう鼓腸という症状と関係があり、タンニン類を多く含むマメ科植物を食べることで軽減されることが知られています。

　また、植物の香りである精油類は人にとっては食欲をそそったり減じたりしますが、家畜の場合にはこれらの精油については比較的無感覚であることが知られています。

　しかしながら、アルカロイド類については、人にとって毒性を持つものが多く、家畜たちも敬遠することがわかっています。一方で、野生草食動物はその感覚が鋭敏であり、先ほどのアルカロイドが含まれている植物も的確に見分けることができ、中にはそれを解毒する機能を有しているものもいます。おそらく、そのほかに食べ物となる植物がないという極限の状態では、たとえ毒性があってもそれに対応せざるを得なくなってきたものと考えられます。このアルカロイドはみなさんの身近な所でも影響を及ぼしています。

　例えばヒガンバナですが、お彼岸の頃に墓地の周りに咲いていたり、田畑の畦道に咲いていたりしますよね。花は綺麗ですがどこか妖艶な感じがして、毒があるということがよく知られています。この毒成分はリコリンやガランタミンと呼ばれている化学物質ですが、神経に対して毒性があります。昔は土葬が多かったので、埋葬されたご遺体がネズミやモグラに荒らされないようにと植えたのではないかと考えられています。田畑の畦道に植えてあるのも、作物が荒らされないようにするためです。地域によってはヒガンバナを家に入れると火事になると言い伝えられているようです。これは、ヒガンバナの球根がイモに似ているので、誤って家の中に持ち込まないようにという教えだったのではないかと考えられています。でもこの球根にはデンプンが豊富に含まれていたため、農作物の不作の際にはこの球根を採集して毒を除いて飢えをしのいでい

たようです。

　実はジャガイモにも毒があるのですよ。ジャガイモは地下茎ですので、光が当たると葉緑素が作られて光合成が始まります。この際に緑色に変色したジャガイモの表皮の部分に、ソラニンというアルカロイドが作られてしまいます。この化学物質も神経に影響を及ぼす物質であり、芽には特に多く含まれています。これは芽生えが弱くて柔らかいので、動物たちから食べられるのを防ぐために役立てているのではないかと考えられています。ジャガイモの芽や緑色に変色した部分は、よく取り除いてから調理をしなければなりません。もったいないのですが、捨ててしまうのが最も安全です。

　でも、このようなアルカロイドも人にとってはとても重要なのですよ。ケシの実から採取された乳液状のものを乾燥して作られたものがアヘンですが、これから得られたモルヒネは鎮痛剤としても使用されています。また、庭の花としてもよく用いられているニチニチソウから得られたアルカロイドは、悪性リンパ腫や小児腫瘍等に効果を示す抗がん剤として用いられています。先ほどのヒガンバナのガランタミンもアルツハイマー型認知症の進行を抑制する薬として用いられています。本当に毒と薬は紙一重ですね。

　一方で、私たちは体を変えることも行ってきました。その一つがトゲです。バラにトゲがあるのは知っていますよね。これは表皮が変形したものです。ほかにも、アロエやサボテンもよく見かけますよね。これらは葉っぱが変形したものです。あまり知られていませんが、オジギソウにも鋭いトゲがあるのですよ。これらのトゲは、動物たちに食べられることから身を守っていることは理解できますよね。でも、種子にトゲのある仲間もいます。それがオナモミです。オナモミの実は「ひっつき虫」と呼ばれており、野原を歩いているとよくズボンやスカートにくっついていることがありますよね。このことで種子を遠くまで運んでもらうとともに、動物たちから食べられることも防いでいます。

4. 植物の身を守る術

さて、先ほど登場したオジギソウですが、これは手で触ったりすると葉っぱが閉じてお辞儀するように垂れ下がることは知っていますよね。もちろんこれも動物たちが食べようとした際に垂れ下がってしまうので驚いたり、おいしそうに見えなくなったりするからですね。トゲもあるうえに、葉を閉じたり垂れ下がらせたりして、よっぽど食べられたくないのですね（笑）。

最近、このように触れることによって葉っぱが閉じる運動（接触傾性運動といいます。図1-3）に関して、慶應義塾大学の山村教授のグループで化学的解明がなされ、触った際に3つの化学物質が神経伝達物質のように作用することが示されました。何とこの3つの化合物が 10^{-10} g/mL という目に見えない量で同時に作用することで葉っぱが閉じることが世界で初めてわかったのです。

さらには、このオジギソウは夜になると葉っぱを閉じて眠る（就眠運動）こともできるのですよ。オジギソウだけでなく、ネムノキ、アズキ、ナンキンマメなどの多くのマメ科植物が眠ることが知られています。今度、夜に外で観察してみてください。でも、わざわざ外に行かなくても、オジギソウの鉢を部屋の中においておけばわかります。面白いことに明るい部屋でも夜になると眠りますし、暗い部屋でも朝になると起きるのですよ。何と規則正しい生活をしているのでしょうか（エッヘン）。これは、光ではなく時間（生物時計）によっ

図1-3　オジギソウの運動
左：接触前、右：接触後

てこの就眠運動がコントロールされているからです。山村教授のグループの繁森（現在、筑波大学）らは、この不思議な現象の解明研究に取り組み、葉を閉じさせる化学物質（就眠物質）と葉を開かせる化学物質（覚醒物質）の両方を発見しました。この2つの物質が24時間の間に変動することによって、就眠運動がコントロールされていることを化学的に解明しました。

しかしながら、このように防備しても動物たちに食べられてしまうことはあります。私たちは逃げられないのですから。ではそうなった時にどうするか。それが頂芽優勢なのです。何それ、と思われるでしょう。これは私たちの体の成長点、すなわち頂芽が伸長する際に他の芽（側芽）の成長が抑えられ、栄養分が頂芽に滞りなく到達することによって頂芽が優先して成長するという現象です。一見、動物たちによってこの頂芽の部分が食べられてしまうと死んでしまいそうに思われますが、その代わりに側芽が成長し始め、やがてそれが頂芽となって成長していきます。ですので、私たちはこんな逆境にもめげずに生き延びることができるのです。この頂芽優勢を制御する化学物質の本体も、繁森グループによって解明されました。

5. おわりに

私たち植物は、人にとっても栄養としてだけでなく、病気やケガの治療にも用いられてきました。したがって、地球上に生きている生物はすべて植物の恩恵に預かっているはずです。だからこそ人は、地球環境を守って維持しなければなりません。それが、私たち植物に対する恩返しにつながるのです。

引用文献
NHK取材班『NHKサイエンススペシャル　生命　40億年はるかな旅 3』日本放送出版協会、1994年
J. B. Harborne著、高橋英一、深海浩訳『ハルボーン　化学生態学』文永堂、1981年
田中修『植物はすごい　生き残りをかけたしくみと工夫』中公新書、2012年
長谷川宏司、広瀬克利編『博士教えてください　植物の不思議』大学教育出版、2009年
長谷川宏司、広瀬克利編『最新　植物生理化学』大学教育出版、2011年
植物生理化学会編集、長谷川宏司監修『植物の知恵とわたしたち』大学教育出版、2017年

第2章
植物同士のコミュニケーション

1. はじめに

　私たち植物は人や動物・昆虫などと違い、"眼"を持っていないことから、隣に生育している植物が自分に対して害を及ぼすものか、一緒に仲良く生活できるものかを見分けることはできません。しかし、現実には自然界の草原を見れば、同じ種類の植物が群れをなしているのを読者の皆さんも目にされたことがあると思います。もしかしたら、私たち植物同士でも異種か同種かを認識しているのではないかと不思議に思われたのではないでしょうか。
　そこで、本章では私たち植物同士のコミュニケーションの仕組みについて、植物生態学者、植物生理学者や農芸化学者らによって明らかにされてきた知見を紹介したいと思います。

2. アレロパシー

　読者の皆さんは"アレロパシー（allelopathy）"という言葉をご存知でしょうか。1930年代にオーストリアの植物学者であるモーリッシュ（H. Molisch）博士によって提唱された植物同士のコミュニケーションのことです。詳しくいえば、アレロパシーは"allelo（相互の）"と"pathy（感じる）"に由来する造語です。日本語では千葉大学の沼田によって「他感作用」と訳されています。アレロパシー現象を引き起こす化学物質はアレロケミカルズと呼ばれ、日本語で

第2章 植物同士のコミュニケーション　83

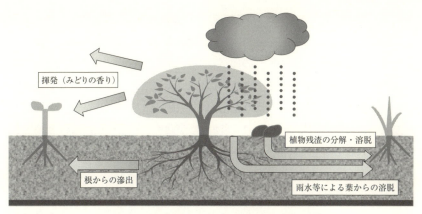

図2-1　アレロケミカルズの放出・作用経路
（中央の樹木がアレロパシー作用を示す植物）

は「他感物質」と総称されています。"アレロパシー"の定義は拡大・縮小解釈が繰り返され、現在では「植物ならびに微生物、動物などの生物によって同一個体外に放出される化学物質が、同種の生物を含む他の生物個体における生育に何らかの影響を引き起こす現象」、つまり相手生物に対する成長阻害・促進作用などを包括したものと理解されています（図2-1）。本章では、私たち植物の中でも主に異種間のコミュニケーションについて紹介します。

3. 異種植物間のコミュニケーション

私たち植物同士の間で交わされるアレロパシーは、古代ギリシャ時代の書物にも記録が残されています。アレロパシーは相手植物の生育に対して阻害（攻撃）的に作用する場合と、逆に促進（友好）的に作用する場合とに分けられます。

（1）阻害的アレロパシー

クログルミの樹の下には植物が育たないことが報告されています。この現象は、クルミの樹皮や果実に含まれる 1, 4, 5-トリヒドロキシナフタレンという

物質が、酸化作用によってジュグロンという強い植物成長抑制活性を持つ物質へと変化し、これが周りの植物の成長に影響した結果だと考えられています。

一方、日本国内では江戸時代の儒学者である熊沢蕃山が「アカマツの露は樹下に生える植物に有害である」と書物に記しています。マツのアレロケミカルズとしてはテルペン化合物の関与が指摘されています。

また、同時代の宮崎安貞は「ソバはあくが強く、雑草の根はこれと接触して枯れる」と記しています。ソバが雑草との競合に強い理由として、現象的には成長が速く葉を広げて雑草を日陰にする効果や養分吸収力の強さによるところが大きいとされています。一方、物質レベルでは原因物質として、さまざまなアルカロイドやフェノール性化合物が報告されています。なかでも大量に含まれるルチンがアレロパシーの活性本体であると推察されています。また、オオムギやライムギの畑に雑草が少ないことが有名で、これらの現象にも複数のフェノール性化合物が関係しているようです。また、ソバの発芽種子からはナイロンの前駆物質であるカプロラクタムが分泌され、特定の植物の成長を阻害することが筑波大学の繁森らによって発見されました。

次に、人との関わりが深い植物や人の暮らしに役立つ植物に関するアレロパシーの事例を紹介します。セイタカアワダチソウは北米原産の帰化植物で、在来種のススキ等と競合します。根からは周囲の植物に対して成長抑制を引き起こす cis-デヒドロマトリカリアエステルという化学物質を分泌し、このアレロケミカルズがススキ等を駆逐してきました。外来生物法により要注意外来生物に指定されており、侵略的外来種の一つとして警戒されています。しかし、近年では以前のような爆発的なスピードでの繁殖は収まりつつあります。一つの原因として、他の植物が衰退してしまったことでセイタカアワダチソウ自身がアレロケミカルズの影響を強く受けてしまった等の理由が挙げられます。植物でいうところの、忌地現象（連作障害のこと）が関係しているようです。

また、ヒガンバナが畦や土手に植えられているのをよく見かけますが、株の周辺に草が生えないことが知られています。これも、ヒガンバナがリコリンと呼ばれる成長抑制物質を出して他種の生育を抑えているためだと考えられています。ちなみに、ヒガンバナの鱗茎にもリコリン等の毒性物質が含まれていま

すが、適切に処理すれば薬や飢饉の際の代用食物にもなります。さらにもう一つの目的として、ネズミやモグラから植物を守る意味合いも大きいようです。

　イネは元来、アレロパシー活性が特別強い植物ではありませんが、将来的に除草剤が不要なイネの作出を見据えた研究プロジェクトの一環として、農林水産省やアメリカ農務省管轄の研究所で、雑草の生育を抑制する品種の探索が世界中の膨大な品種群で行われました。この中で、赤米系統等の古代米系に属するジャワニカと呼ばれる品種群の中に、雑草の生育を強く抑制するものが報告されています。実際に水田を使った抑草効果も検証されており、近い将来、交雑育種やアレロパシーの活性発現に寄与する遺伝子の改変等によって、除草剤の使用量を大幅に削減できるイネの作出が実現する日がくるかもしれません。

　一方、最近のアレロパシーに関する報告で、水田雑草のイヌビエはアレロケミカルズとして知られるモミラクトン類やベンゾキサジノイド類の生合成遺伝子クラスターを有していることが明らかとなり、さらに興味深いことにイネとの混植時にはDIMBOA生合成遺伝子群の顕著な発現の誘導とDIMBOA内生量が増加する一方で、モミラクトン類生合成の遺伝子群の発現誘導は起きないことがわかりました。しかし、病原菌の感染時にはモミラクトン類の生合成遺伝子群の発現が誘導されたことから、イヌビエは化学防御システムとして複数のアレロケミカルズの生産能を獲得し、水田内でより頑健性を保って生育する能力を高め、水田環境に巧みに適応している可能性が示唆されました。モミラクトン類はイネの主要なアレロケミカルズとして知られていることから、イヌビエとイネの間で互いを認識する何らかのメカニズムが働いているのかもしれません。

　マメ科植物のムクナは別名、ハッショウマメ（八升豆）とも呼ばれ、その名のとおり種実が多収性の植物です。ブラジルの圃場ではすでに雑草の生育抑制に活用されています。その作用の原因物質としてL-ドーパが知られており、キク科やナデシコ科の雑草の生育をわずか数ppmという低濃度で抑制します。また、トウモロコシやソルガム等のイネ科作物と混植した場合には、雑草は抑制しますが植物には影響を与えないことから、収量を上げる混植農法での活用も注目されています。

ヘアリーベッチはマメ科ソラマメ属の植物で、牧草として欧米で利用されています。越冬が可能な越年生の草本であるため、秋まきで春先の雑草を完全に抑制することができ、さらに野菜栽培におけるマルチとしての利用や緑肥としても有用であることから、国内の水田における不耕起無農薬栽培にも利用が広がっています。近年では果樹園の下草管理（グラウンドカバー）での利用法も普及しつつあります。この植物のアレロケミカルズとしてシアナミドが報告されています。国内ではヘアリーベッチのほかにも、在来種植物をグラウンドカバープランツ（被覆植物）として高速道路の法面、畦道等で活用している事例が報告されています。在来種を活用することで、生態系に及ぼすリスクが軽減されることも期待されます。これらの被覆植物による雑草抑制効果にもアレロパシーが寄与している可能性が示唆されていますが、実際にアレロケミカルズが単離された報告例は多くありません。そんななか、シランからはミリタリンやダクチロリンAがアレロケミカルズとして単離・構造決定されています。現在、いくつかの在来種の被覆植物についてアレロケミカルズの探索研究が進められています。

　これまでに紹介してきたアレロケミカルズですが、先述のとおり種特異性を有することが知られています。先のクログルミの場合も樹下でイネ科植物は生育できるという報告がありますが、これはクログルミ由来のアレロケミカルズの植物種間における作用点の違いによるものと理解されています。ほかにも種特異性の要因としては代謝酵素の活性、あるいは排出メカニズム等の違いが考えられます。

（2）促進的アレロパシー

　促進的アレロパシーの事例の多くは農業従事者やガーデニング業界で経験的に伝承されてきたものが多く、ソラマメとトウモロコシ、エンドウとエンバク（オーツ麦）、ソバとルーピン（マメ科ルピナス属）等を同じ畑で栽培する方法はコンパニオン・プランティング（共生栽培）と呼ばれ、それぞれの作物を単独で栽培する場合よりも、混植した方が双方あるいは片方の生育が促進され、結果的に収量が増加します。このような組み合わせの植物は共栄作物（コ

ンパニオン・プランツ）と呼ばれています。

　また、植物ではありませんが先述のヘアリーベッチの根の分泌液がオオムギやエンバクの光合成とリンの吸収を促進してそれぞれの生育を促進させること、ネギを栽培した跡地で陸稲栽培を行うとコメの収穫量が増加すること等も報告されています。

　さらに、水稲栽培で強害雑草の一つとして知られているコナギも、その発芽時に促進的アレロパシーを巧みに利用しています。コナギが強害雑草となる要因の一つに、イネの根由来の何らかの物質がコナギ種子の発芽を促進させる作用を示すことが挙げられます。また、もみ殻からも発芽を促す物質が分泌されているようです。コナギが持つこの生物機能は、水田で生息するにあたって非常に有利に働くと考えられますが、アレロケミカルズの詳細については明らかになっていません。

　促進的アレロケミカルズが同定された事例としては、寄生植物と総称される一群のうち、根寄生雑草のストライガ属やオロバンキ属の発芽刺激物質があります。アフリカ諸国では主要作物であるモロコシやトウモロコシ等のイネ科作物に寄生して生育を妨げることにより、穀物の収量に多大な影響を与えるため、農業上の深刻な問題の一つに数えられ、現地の農業従事者から非常に恐れられています。

　ストライガは主にイネ科植物、オロバンキはナス科やキク科植物を宿主として寄生します。これらの寄生雑草の種子は土壌中で何年も休眠することができるため、いったん農地に侵入を許すと長期にわたり農作物は壊滅的な打撃を受けてしまいます。この寄生雑草種子は単に吸水した状態ではまったく発芽しませんが、宿主植物の根から分泌されるストリゴラクトンを感受することで発芽が促進され、宿主植物の根に寄生します。つまり、発芽メカニズムに促進的アレロパシーが関与しているのです。

　近年、ストリゴラクトンによる発芽誘導メカニズムや寄生雑草の駆除に関する研究が精力的に進められており、促進的アレロパシーがこの寄生雑草駆除方法の開発の重要な鍵になると期待されています。現在検討されている有効な駆除手段の一つに自殺発芽というものがあります。これは、作物種子を播種する

前に非天然型のストリゴラクトン（GR24）を畑に散布することで、土壌中に侵入した寄生雑草種子を強制的に発芽させて枯死させる方法です。この寄生雑草は宿主がいないと生きられないのです。

また、アメリカネナシカズラというつる性の寄生植物は、宿主となる植物から放出される揮発性物質（2-カレンやβ-フェランドレン）を頼りに、ターゲットとなる植物が生えている方向へ成長することが知られています。

一方で揮発性成分は「みどりの香り」とも呼ばれ、主に植物が害虫による食害を受けた際に周囲の植物に危険を知らせる警報シグナルとして機能する可能性が示唆されています。警報シグナルを受容した周囲の植物、あるいは同一植物の未被害葉では害虫による直接の被害を受けていないにもかかわらず、防御物質の産生に関わる遺伝子群の発現が認められます。つまり、みどりの香りを受容した植物は、将来予想される植食性昆虫の攻撃に対して効率良く対処する準備ができるのです。さらに、植食性昆虫に攻撃された植物から放出されたみどりの香りが、食害虫を捕食する天敵生物を誘引する誘引シグナル（SOSシグナルとも呼ばれています）として機能している事例も報告されています。

また、実験そのものは自然環境下（フィールド）で行われたものではありませんが、種子の発芽過程で発見された成長促進的アレロパシーについて紹介します。1990年代初頭に長谷川（鹿児島大学、後に筑波大学）らによって、クレス発芽種子から他の植物（特にケイトウ）の成長を顕著に促進する物質が分泌されることが発見されました。この化学物質はクレスの学名（*Lepidium sativum*）にちなんでレピジモイド（lepidimoide）と命名され、その化学構造も解明されました。その後、山田（神戸大学、現・筑波大学）らによって、化学構造と成長促進活性との相関や植物界における分布など、さまざまな研究も行われました。さらに、大量合成法が広瀬（本書の編著者の一人）らによって開発されました。レピジモイドに関する研究は国内だけでなく、イギリス・エジンバラ大学のフライ（S. C. Fry）らによってもさまざまな角度から精力的に進められています。その後、同様の生理作用をもつアークチゲニン、アークチゲニン酸、バニリン酸が発見されました。

私たち植物には種子発芽時にアレロケミカルズを含むさまざまな物質を分泌

するメカニズムが備わっているようです。しかし、このシステムが周囲からの何らかの環境シグナル（例えば仲間と交わされる鍵化学物質）を感受して誘導されるものか、さらには生物学・生理生態学的にどのような意味を持つのかという議論は今後の研究成果を待たなければなりません。

4. アレロパシーの生物学的意味

　ここまで、実にさまざまなアレロパシー現象が私たち植物を中心に自然界で起きていることを紹介してきました。次に、この現象の生物学的意味について考えたいと思います。私たち植物が産生する低分子有機化合物の中には、人間の暮らしの中で香辛料、色素、香料、医薬品等として欠くことのできないものも数多く存在しますが、これらの化合物は植物の生存に直接は必要のない、いわゆる二次代謝産物と呼ばれるものです。
　この二次代謝産物の生理的役割については不明な点が多いのですが、アレロケミカルズの多くが二次代謝産物であることから、私たち植物がその進化の過程で二次代謝物質を偶然に生産できるようになり、それが他の昆虫・微生物・ほかの植物等から自らの身を守る防御物質として機能しています。また、何らかの化学交信や情報伝達を行う手段として有利に働いたりした場合に、進化の過程で淘汰されずに生き延びることができたのではないかと考えられています（アレロパシー仮説）。加えて、アレロケミカルズに耐性を持つ植物の進化や新たな植物が出現するきっかけとなったとも考えられます。この仮説は、ヒマラヤシーダーやセコイア等の生きた化石と呼ばれる植物群に比較的強いアレロパシー活性が認められることからも支持されています。つまり、アレロパシー現象は皆殺し的なものではなく、むしろ生物多様性を高める要因となった可能性が考えられます。
　また近年、外来生物による生態系への影響が問題となっていますが、私たち植物の場合も外来種のいくつかは侵略的であり、爆発的に繁殖する要因の一つにアレロパシーの関与が疑われています。
　ヨーロッパ・コーカサス地方原産のヤグルマギクの仲間は、原産地域では優

占種となっていないのに対し、侵入先の北アメリカ・ロッキー山脈周辺ではしばしば優占種となるという事象について、生態化学的な見地から興味深い研究報告がなされました。原産地域におけるヤグルマギクの随伴雑草（周辺に生息している植物）は、ヤグルマギクのアレロケミカルズであるカテキンに対して長い年月を経て何らかの耐性を獲得しているため、深刻な生育阻害を受けません。一方、新天地であるロッキー山脈地方に元来生育している植物は、ヤグルマギクが侵入してきた際にヤグルマギクが分泌するアレロケミカルズに"初めて"触れることで著しく生育が抑制されてしまい、やがてヤグルマギクが優占種となる可能性が示唆されました。この場合、随伴雑草の耐性はヤグルマギクが分泌するカテキンに対する感受性の違いで説明が可能とされています。この学説は"新兵器仮説"と呼ばれており、この報告がきっかけで近年ではアレロパシー活性が外来植物のリスク評価の一つの指標ともなっています。また、侵入先の土壌中に生息する微生物も新兵器（つまりアレロケミカルズ）の産生に寄与する事例も報告されています。

5. おわりに

昨今の環境保全型農業の推奨により、日本国内では環境低負荷型農業のニーズが年々高まっています。例えば、太陽光を遮り、優占種として生育できる被覆植物を活用することで除草剤の使用を抑えた雑草防除法がこれに該当します。被覆植物の中には、自身が放出するアレロケミカルズが引き起こすアレロパシー作用によって、雑草生育阻害効果を発揮する例も知られています。一方でアレロケミカルズは種特異性を示すことから、対象となる雑草のみを選択的に抑制することも可能となるでしょう。

本章で述べたとおり、さまざまな生物が入り乱れる生態系の中で、私たち植物が多様なアレロケミカルズを駆使して周囲の環境変化に適応している様子が、近年のめざましい解析技術の進歩とともに明らかにされつつあります。また、古くから知られていたアレロパシー現象も、より詳細に理解されるようになってきました。これらの知見は、環境低負荷型の農業技術の開発にも大いに

貢献することが期待されます。今後も私たち植物のアレロパシー現象を人類が多面的な切り口から観察・研究していくことで、農業生産現場に数々の問題解決のヒントを提供できることでしょう。

参考文献

Rice E. L. 著、八巻敏雄、藤井義晴、安田環訳『アレロパシー（Allelopathy）』学会出版センター、1991 年

藤井義晴「アレロパシー」『最新　植物生理化学』長谷川宏司、広瀬克利編、大学教育出版、2011 年、pp.134-156

藤井義晴『アレロパシー　他感物質の作用と利用』自然と科学技術シリーズ、農文協、2000 年

山田小須弥「植物との戦い」『植物の知恵とわたしたち』植物生理化学会編集　長谷川宏司監修、大学教育出版、2017 年、pp.123-139

Guo L. et al. (2017) *Echinochloa crus-galli* genome analysis provides insight into its adaptation and invasiveness as a weed. Nature Commun. 8, 1031

Sakuno, E., Kamo, T., Takemura. T., Sugie, H., Hiradate, S. and Fujii, Y. (2010) Contribution of militarine and dactylorhin A to the plant growth-inhibitory activity of a weed-suppressing orchid, *Bletillastriata*. Weed Biol. Manage. 10, 202-207

山田小須弥「植物生育初期に分泌される促進的アレロケミカルズ」『月刊ファインケミカル』44 (3)、シーエムシー出版、2015 年、pp.49-56

松井健二、畑中顯和「みどりの香りの生物活性」『植物の生長調節』植物化学調節学会 40 (1)、2005 年、pp.52-61

›
第3章
植物と微生物とのコミュニケーション

1. はじめに

　私たち植物が存在する空間には、私たちとは異なる種の生物も存在します。本章では、私たちと空間を共有する異なる種の生物中でも、動物や昆虫よりもっと小さな生物である微生物とのコミュニケーションについて紹介します。

　私たち植物は、地中に根をおろして水分や無機の養分を吸収し、地上に葉を広げて呼吸し、光合成をします。本来、私たちは、無機の養分と、水、酸素、二酸化炭素、光があれば成長することができます。私たちにとって微生物は不可欠な存在ではありません。しかし、私たちが一般的に存在する空間の中で、微生物のいない空間はありません（人間が特別な目的で設定した無菌空間は例外です）。私たち植物は、常に微生物と空間を共有しています。私たちにとっての健全な空間を共有するほとんどの微生物は、私たちと協調関係を構築し、一つの生態系を構築しているといえます。そのような、ある特定の環境に生息する微生物群の総体を微生物叢（マイクロバイオータ）と呼びます。ここからは、私たち植物と協調関係にある微生物について順番にお話しします。

2. エンドファイト

　私たち植物の組織や細胞の中で生育する生物のことをエンドファイトといいます。バクテリア（原核生物）やカビ（真核生物）などの微生物以外にも、

広義には寄生植物なども含まれます。一般的にエンドファイトというと、植物に対して病原性のない共生微生物を指しますが、病原性・非病原性、共生・寄生の境目は不明確ですので、広い意味では病原性のある微生物もエンドファイトに含まれます。植物体に侵入し病原性をもたらす微生物と植物とのコミュニケーションについては、成書（『最新　植物生理化学』『植物の知恵と

図3-1　枝豆に着生する根粒
山形庄内地方の土作りにこだわっている農家の方の圃場にて。

わたしたち』、いずれも大学教育出版）に譲るとして、ここではいわゆる病原菌ではないエンドファイトについてお話しします。

　エンドファイトの代表例として根粒菌が挙げられます。根粒菌は、私たち植物の中でもマメ科に属する植物と共生します。マメ科植物の根をよく見ると、コブのような根粒が付いていることがわかります（図3-1）。その中にいるのが根粒菌です。根粒菌は、大気中の窒素をニトロゲナーゼという酵素によって還元してアンモニア態窒素に変換し、私たち植物へと供給します。これを空中窒素固定といいます。大気中の窒素をアンモニアに変換する方法は他にもあります。人が発明したハーバーボッシュ法です。ただし、ハーバーボッシュ法は、500℃・1,000気圧という非常に高温高圧な条件下で、窒素と水素を化学反応させてアンモニアを生成するプロセスです。反応効率の悪い化学反応であるため、この反応を進めるためには大量のエネルギーを消費します。

　それに対して根粒菌は、窒素をアンモニアに変換する反応を常温常圧で達成できるのです。これがニトロゲナーゼという酵素のすごいところです。とても反応効率の良いプロセスです。それでも、1分子の窒素から2分子のアンモニアを得るのに12分子ものATP（アデノシン三リン酸）が必要です。根粒菌は、窒素は固定できますが、その反応に必要なエネルギーは有機物という形で摂取する必要があります。一方、私たち植物は、空中の窒素を固定することはできませんが、太陽光エネルギーを利用して二酸化炭素を固定し有機物を生成することができます。私たち植物と根粒菌は、お互い足りない部分を補い合って、

より効率良く生きるために共生関係を構築しました。

人は、マメ科植物を緑肥という形で農業に活用してきました。マメ科植物と共生する根粒菌が空中の窒素を固定するということを利用し、化学肥料の使用量を低減することが目的です。私たち植物と微生物との共生関係により窒素を固定するという生命活動は、太陽光エネルギーが支えています。つまり、生成されるアンモニア態窒素やそこから派生して生成する有機態窒素には、太陽光エネルギーが詰まっているということです。私たち植物と微生物の関係をより深く理解し、活用することは、限りある化石資源を大量に消費する化学肥料の依存度低減にもつながるのです。

根粒菌以外にも、さまざまなエンドファイトが知られています。エンドファイトが植物内で生成する代謝物の中には、私たち植物を食害する害虫を忌避する効果があるものも発見されています。つまり、エンドファイトと共生することにより、殺虫剤を使わなくても害虫による害を抑えることができる場合もあるのです。実際、映画『奇跡のリンゴ』で知られるリンゴの無農薬栽培に成功した木村秋則氏のリンゴの葉には、一般的なリンゴの葉よりも多くのエンドファイトが見つかっています。つまり、害虫を忌避する成分を生成するエンドファイトが共生したことにより、リンゴの無農薬栽培に成功したともいえます。しかし、それは土作りから根本的に見直し、畑全体の生態系をリンゴにとって最適な環境に作り上げた結果の一つと考えるべきでしょう。

3. 微生物叢

冒頭でも述べた通り、微生物叢とは、ある特定の環境に生息する微生物群の総体のことです。森林や水辺、そして農地などは、私たち植物がいる特定の環境であり、それぞれに生息する微生物群の総体は微生物叢といえます。

農家の仕事の中心は、私たち植物（作物）を育てることと思われがちですが、ここでは、土作りという視点から、私たち植物を取り巻く微生物叢全体の役割についてお話しします。

一般的に土作りというと、私たち植物が生育するために必要な成分である、

三大要素の窒素・リン酸・カリウム、中量要素のカルシウム・マグネシウム・硫黄、微量要素である鉄・マンガン・銅・ホウ素・亜鉛・モリブデン・塩素について、植物の種類に合わせて土壌中の成分濃度を調整し、さらにpHを調整するなど、基本的には私たち植物（作物）の生育環境を整えることを指します。

一方、微生物叢を育てることを主目的とする農家の方にとっての土作りは、私たち植物（作物）と協調関係にある微生物叢の生育環境を整えることを指します。微生物叢を構成する微生物のほとんどは、自身でエネルギーを生み出すことができませんので、微生物叢の生育環境を整えるために最も重要なことは、微生物のエネルギー源となる有機物（微生物のエサ）を供給することになります。もちろん、エネルギー源だけでは微生物叢は維持できません。私たち植物と同様に窒素やリン酸、その他さまざまな元素が必要です。

エネルギー源だけは有機物という形でしか供給できませんが、それ以外の元素は無機態でも有機態でも微生物は利用できます。有機農業というと、化学肥料（化学的に合成された無機態の養分）の使用を基本的に禁じていますが、微生物叢の生育環境を整えるということを考えたときに、無機の養分の使用は必ずしも間違った方法ではないのです。もちろん、有機肥料や堆肥に使われる原料のうち、ほかに使う用途がなく、エネルギーを使って廃棄処分しなければいけないような有機性廃棄物を有効活用するということは大事なことですが、有機性廃棄物を有効活用することと、私たち植物と協調関係にある微生物叢を植物にとって理想的な状態に整えるということは、混同しないよう注意する必要があります。

ところで、私たち植物と協調関係にある微生物叢を整えることのメリットは2つあります。一つは病虫害を減らせることで、もう一つは投入する肥料の量を減らせることです。

（1） 微生物叢を整えるとなぜ病虫害を減らせるのか

私たち植物にとって望ましい「微生物叢が整うこと」とは、特別な物質循環によって「私たち植物」と「微生物叢」との間の協調関係が構築されることです。そして、私たち植物と微生物叢との協調関係が強化されればされるほど、

私たち植物に害をもたらすような病原菌が微生物叢の中に入り込む余地をなくし、病害を減らせるのです。一方、私たちと微生物との協調関係が希薄なものになると、バランスの崩れに付け込まれ、競合関係にある微生物（いわゆる病原菌）の台頭を許すことになります。

病原菌を抑え込む手段として、人は殺菌剤を発明しました。しかし、そのような薬剤を無計画に使ってしまうと、一時的に病原菌を抑えることはできても、私たちと協調関係にある微生物まで抑制してしまいます。その殺菌剤の使用を止めると往々にして病原菌の台頭を許してしまうことになるため、殺菌剤を手放すことができなくなります。

化学肥料も農薬も一切使うべきではないという主張もありますが、それを本当に目的化して良いのでしょうか。私たち植物と微生物との適切な関係を人が正しく理解することさえできれば、化学肥料も農薬も活用し、私たち植物と人も持続的に良好な関係を構築することは可能なはずです。

例えば東南アジアでは、パーム油を搾油するために栽培されているパーム樹の土壌病原性糸状菌（*Ganoderma sp.*）による被害が問題となっています（図3-2）。イドリス（2011年）の報告によると、マレーシアにおいて約3.7％のパーム樹がこの病原菌に感染しており、感染面積は5万9,148ha、被害額は600億円以上と見積もられています。これは、私たち植物と協調関係にある微生物にとってのエサとなる有機物が土壌中で枯渇した結果、生きている植物をエサとする微生物（病原菌）が、台頭してしまった結果といえます。パーム樹が、このような病原菌に感染してしまった場合、トリアゾールやヘキサコナゾールなどの化学農薬が使われます。感染がより深刻な場合には、感染したパーム樹は切り倒され、周辺土壌も含めて処分されています。いずれも根本的な解決にはなっていません。

それに対して、土壌の微生物叢を整えるという視点の対策が、三本・笠原に

図3-2 パーム樹に感染する病原性糸状菌（マレーシアで撮影）

よって開発されました。そこで用いられるのは、土壌微生物叢形成の核となる微生物（以下、コア微生物という）を豊富に含む機能性堆肥です。堆肥の原料は、土壌微生物のエサとなる繊維質が豊富なヤシ殻（Empty Fruit Bunch：EFB、以下 EFB という）を含むパーム搾油工場の廃棄物です。EFB を主原料とし、堆肥化工程でコア微生物（ここでは現地で分離した *Trichoderma sp.* を使用）を高濃度に着生させることが特長です。菌叢形成の核となるコア微生物の要件は、私たち生きている植物に対して病原性がないことに加え、自身にとって理想的な環境が整うと植物病原菌に覆い被さるほどの勢いで増殖できることです（図3-3）。土壌に良いとされる微生物を有効成分とする農業用微生物資材はありますが、微生物のみを農地に投入しても、その微生物のエサが土壌中になければ定着しませんので、効果は限定的です。一方、三本・笠原の技術を用いると、繊維質豊富な EFB を主原料とする堆肥化の2次発酵工程でコア微生物を約 1,000 倍増殖させることができるので、高密度に目的のコア微生物が着生した機能性堆肥を安価に供給することができます（図3-4）。着生させたコア微生物のエサとなる繊維質が豊富に含まれるので、農地に投入された後もその繊維質をエサとして、コア微生物はさらに約 100 倍増殖することができます（図3-5）。

さらに、繊維質のすべてがコア微生物のエサとして消費されるわけではなく、部分的に分解された代謝物などが、さらに他の微生物のエサとなり、コア

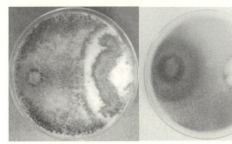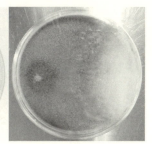

パーム樹　　　　　　　　　　お茶　　　　　　　　　　　菊
右：ガノデルマ属菌（病原菌）　右：ポリア属菌（病原菌）　右：バーティシリウム属菌（病原菌）
左：トリコデルマ属菌（コア微生物）　左：トリコデルマ属菌（コア微生物）　左：トリコデルマ属菌（コア微生物）

図3-3　植物病原菌とコア微生物との対峙培養

微生物を中心とする新しい微生物叢が形成されるのです。このようにして、生きたパーム樹をエサとする微生物（病原菌）が生育しにくい環境が形成されます。

人為的にパーム樹の病原菌を添加した育苗試験を実施すると、病原菌を添加した試験区では苗は育ちません。一方、病原菌を添加しても、コア微生物

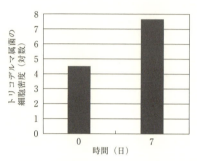

図3-4　堆肥化2次発酵過程の菌数
堆肥化2次発酵過程で、コア微生物が約1,000倍に増殖します。

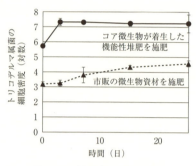

図3-5　施肥後の土中菌数
堆肥に着生していたコア微生物が土中で約100倍増殖します。

図3-6　コア微生物が着生した機能性堆肥を
　　　 用いたパーム樹育苗試験
病原菌がいても、当該機能性堆肥を同時に施肥することで、パーム樹苗は問題なく生育します。

を着生させた機能性堆肥を同時に添加した場合には、パーム苗は問題なく生育することが確認されています（図3-6）。これは、私たち植物と微生物叢との良好な関係が結ばれている証です。

（2）微生物叢を整えるとなぜ投入する肥料の量を減らせるのか

　私たち植物と協調関係にある微生物叢を整えることのメリットとして、投入する肥料の量を減らせることも挙げられます。一般的に、「私たち植物（作物）が必要とする養分を肥料として投入する」という考え方で肥料を使っていると、必要とする量より少し多く肥料を投入することになります。なぜなら、必要とする量より少ないと生産性ダウンに直結するからです。そして、私たち植物が吸収しきれなかった過剰量の肥料成分は、そのまま地下水に入るか、表土を流れて河川に流入します。肥料の過剰投入は、資源の無駄遣いになるだけでなく、地下水や河川・湖沼・海洋の汚染原因となります。

　微生物叢を整えることを目的として投入された養分は、まず微生物が吸収し、微生物叢の間を養分が循環するようになります。そして、私たち植物は、微生物叢の中で循環する養分の一部をいただきます。その循環を維持するにはエネルギーが必要です。そしてそのエネルギー（有機物）を地中に適切なバランスとタイミングで供給することと、私たち植物が吸収した分だけ追加で養分を投入するのが農家の方の役割なのです。森林など自然界では、私たち植物が葉を落とすという形でエネルギーを地上に落とし、さまざまな昆虫や菌類の働きによって、より深いところまで有機物（エネルギー）を届け、微生物叢を維持します。

　農地の中で循環している養分は、もともと土中に存在する鉱物由来の不溶性成分の溶出や空中窒素固定によって得られるもののほか、地下水脈から吸い上げられた養分もあります。農家の方が投入した肥料だけではありません。不溶性成分の溶出や空中窒素固定ができるのは、私たち植物と共生関係にある微生物だけではありません。直接共生関係にない微生物の中にも、そのような機能を持っている微生物はいます。そして直接共生関係にない微生物を含む微生物叢と私たち植物との協調関係が最適化されることによって、投入した肥料成分

の流出を防ぐだけでなく、より積極的に養分の取り込みが促され、投入する肥料の量を減らすこともできるのです。

外部からの養分投入を極限まで減らしたものが自然農法といわれるものです。自然農法では、基本的に農地には何も投入しません。つまり、窒素源は空中窒素固定のみで、それ以外の元素は、岩石からの溶出と地下水脈からの吸い上げのみという農法といえます。自然農法における単位面積の生産性は高くありませんので、自然農法は今の地球上の人口を持続的に支えるための根本的な解決策にはなり得ないと考えられます。それでも、私たち植物と微生物叢とのコミュニケーションを促進させることに重きを置いたときに行き着く答えの一つは、自然農法になると思われます。

(3) 私たち植物と微生物叢との関係を正しく理解する方法

さて、私たち植物と微生物叢との関係を正しく理解する方法の一つは、どのような微生物がどれだけいるかを正しく計測することから始めることです。例えば、土壌中には土壌重量の約20%が微生物といわれるほど多くの微生物が生息しています。一方で、その中で人工的に培養することのできる微生物は1%程度で、ほとんどの微生物は人工的に培養できないといわれています。

近年、生物のゲノム情報解読技術の大幅な進歩により、微生物についても、培養しなくても土壌中の微生物の遺伝子情報を丸ごと解読できるようになってきました。微生物叢の遺伝子情報の総体をマイクロバイオームと呼びます。どれほどの進歩かというと、ヒトゲノム情報が初めて解読されたとき、そこに費やされた費用は累計で3,500億円かかりましたが、その後10年で大きな技術革新があり、今では10万円で解析できるようになっているという状況です。この技術革新によって土壌微生物叢も丸ごと解析できるようになりました。

ただし、そのようなオミックスデータを取得するだけでは何の理解も得られません。例えば農業という切り口で、私たち植物と微生物叢との関係を知ろうとするならば、オミックスデータに加えて、実際の耕作条件やその結果としての収量・病虫害の有無・味などのメタデータを丁寧に収集することが重要です。オミックスデータとメタデータとを統計解析することにより、どのような

耕作条件が微生物叢や私たち植物の成長にどのように影響したかを解き明かすことが可能になります。

　私たち植物と微生物叢との関係を正しく理解するもう一つの方法は、オミックスデータのように観測対象を明確にして、「人」がその意味を理解しようとするのではなく、さまざまなセンシングデバイスを駆使して、私たち植物と微生物叢との関係を多変量データとして連続的、非侵襲的に取得し、人工知能に学習させるという方法もあります。

　人工知能の根幹部分として現在主流のディープラーニングでは、ニューラルネットワークの構造が使われています。入力データから出力データを導くまでに、複数回のデータ処理が重ねられ、途中で得られるデータセットは、隠れ層とか中間層などといわれます。ニューラルネットワークの中でも最も一般的な手法である畳み込みニューラルネットワーク（convolutional neural network：CNN）では、隠れ層のことを畳み込み層（convolution layer）ともいいます。これらのディープラーニングの過程で使われているデータとその使い方が、人間には因果関係を理解できないまま処理され、結果を出してくることから、その過程は黒魔術などともいわれます。

　藤田・笠原らは、従来のバイオテクノロジーでは利用されなかったさまざまなセンサーを用い、生物情報をできるだけ多く測定し、名人芸や勘と呼ばれてきた技術や、私たち植物と微生物叢とのコミュニケーションをデータで記述できるようにする取り組みを始めています。そして、そこで取得するデータは、ディープラーニングにおける畳み込み層に直接活用できるデータであることから、「コンボリューショナルデータ（通称コンブデータ：CONV. data）」と命名されました。

　私たち植物と微生物叢の関係を人が論理的に理解しようとするのではなく、ありのままを捉え、何をなすべきかを純粋に追求することができれば、私たち植物と微生物叢、そして人とのまったく新しい関係構築が期待できます。

4. おわりに

　私たち植物と微生物との関係は、自然界においても農地においても非常に重要です。都合の悪い微生物を抗生物質のようなもので無理やり抑え込もうとすれば、耐性菌が出現したり、抗生物質をやめた途端、前よりひどくなるということが往々にしてあります。特別都合の良い微生物（いわゆる善玉菌）を環境中に投入したところで、その微生物が、すでにある微生物叢の中に馴染んで新しい関係性を構築できるかというとそれも容易ではありません。森林など自然界においては、ありのままでも良いのですが、農地において経済活動を営むためには、自然のまま、ほったらかし農業では、人類の食を支えることはできません。

　農家の方の中には、私たち植物を育てること以上に、私たちと協調関係にある微生物叢を育てるための土作りに主眼を置いている方がいらっしゃいます。そしてそのような農家の方は、作物のタネや苗を植える前の土作りの段階で勝負は決まっていると口を揃えて言われます。そんな農家の方が育てた作物をぜひ一度味わってみてください。そんな作物には特別な力強さと奥深さが感じられると思います。それは、私たち植物そのものの味だけでなく、共生するさまざまなエンドファイトや周辺の微生物が生成する複雑な代謝物の組み合わせの結果といえるかもしれません。

　微生物叢を支配（コントロール）しようとするのではなく、成り行きでもなく、適度な介入により系を最適化すること（マネジメント）が大事であると笠原らは考えています。これは、植物と微生物との関係のみならず、あらゆる微生物叢においていえることです。

参考文献
藤田朋宏「プロジェクト・バイオ　なぜ我々は土壌微生物叢の動態を知りたいのか」『生物工学』96（1）、日本生物工学会、2018年
D. モントゴメリー、A. ビクレー『土と内臓微生物がつくる世界』築地書館、2016年
成澤才彦『エンドファイトの働きと使い方』農文協、2011年
依藤敏昭、鈴木源士『根と共生して作物を強くする菌根菌の活かし方』農文協、1995年
杉山修一『すごい畑のすごい土』幻冬舎新書、2013年て

第3部
人の生命を支える植物とのコミュニケーション

　世界人口を支える持続可能な農業技術の開発研究、植物を起源とする医薬品の開発研究、さらに植物の栽培作業を経験することによって精神の安定が醸成されるというアンケート調査研究や、人が日常生活で抱えるストレスをケアするアロマセラピーの研究に携わってこられた科学者による研究成果を植物サイドに立って解説していただきました。

第1章
世界人口を支える持続可能な農業

1. 増え続ける世界人口とそれを支える作物と農業の変遷

　この章では、人が農耕を始めてから現在までの私たち作物と農業の変遷について説明します。はじめに少々自己紹介をしますが、私たちダイズは、アズキとともに日本で最も古くから食用として栽培・利用されてきたマメ科作物で、煮豆や豆腐、納豆、味噌、醤油、食用油などの原料として、和食にはなくてはならない食材です。お正月に食べる黒豆やビールのおつまみとして人気の枝豆も私たちの仲間です。私の種子には、重量にして約50%のタンパク質と約20%の脂質が含まれているので非常に栄養価が高く、「畑の肉」とも呼ばれて肉食をしなかった時代には重要なタンパク源として利用されていました。また、サポニンやイソフラボンといった健康に良いと考えられる成分も多く含まれており、近年の健康志向の中で「ミラクルフード」として世界的に注目を集めています。
　そんな私たちはマメ科の植物なので、こんなに栄養豊富な種子をつけるのに、他の植物にくらべて、窒素肥料が少ない荒れた土地でも元気に育ちます。その秘密は、根にたくさんついている「根粒」と呼ばれる小さなコブのおかげです。この根粒の中には根粒菌と呼ばれる菌が住みついており、空気中の窒素を窒素肥料に変えて私に使わせてくれるのです。もちろん、私も光合成で作った栄養を根粒菌にお返ししています。
　また、私たちの祖先は、日本を含む東アジアに広く自生しているツルマメと

呼ばれる野生植物です。縄文時代の中期には、日本列島でもすでに栽培されていたらしく、『古事記』や『日本書紀』にも「五穀」の一つとして記録されており、イネなどとともに日本人の主食となる大事な作物とされてきました。

つまり、人の祖先が農耕を始めた頃、私たちの祖先である野生のツルマメを畑で栽培し、長い年月をかけて今の形に改良していったのです。その間に、私たちのからだはツル性から自立性に変化し、種子のサイズも大きくなりました。また、種子が熟しても莢がはじけることもなくなりました。このような一連の植物の形の変化は他の作物でも見られますが、これらは栽培化の過程で獲得されたものと考えられます。つまり、野生の植物は人が栽培を始めたことによって、より栽培に適した形に進化してきたのです。

こうして、私たちは人に栽培される作物として、ずいぶんと長い時間を過ごしてきたのですが、その間に人の農業のやり方も大きく変化したのです。人が私たちの祖先の栽培を始めた頃には、人力で開墾して畑を作り、私たちの祖先であるツルマメの種子を撒いて栽培していたのですが、その中にはいろいろな個性を持つ仲間がいたと考えられます。人は栽培した種子を収穫し、その種子の一部を大事に保存し、次の年にまた畑に撒いて栽培するということを繰り返し始めます。この繰り返しによって、莢がはじけてしまう性質を持っていた仲間の割合はだんだん減っていき、成熟しても莢がはじけない性質を持っているものだけが選抜されたのです。

同様に、種子が小さく、ツルが絡むため栽培しにくかったものの中から、種子サイズがより大きく、茎が短く、太くなるような突然変異が生じて、それらが次第に選抜され、集積することで、種子サイズが巨大化し、自立性で栽培に適した現代のダイズに近い形へと変化したと考えられます。このほかにも、野生のツルマメの種子は硬い皮に包まれており、播種しても簡単には発芽しないのですが、現代のダイズではそのような性質は見られなくなっています。これも、人が収穫した種子を管理している間に、畑に播種すればすぐに揃って発芽するように性質が変化してしまったのです。私たちダイズ以外の作物についても、野生植物が作物化される間に同じような植物側の変化が引き起こされています。

こうして私たちのような作物ができ上がってきたのですが、人が行っている農業のやり方もずいぶん変化してきました。ごく初期の農業は、熱帯地域の一部で行われている焼畑農業のようなもので、農機具も棒など簡単なものを使っていたと考えられます。その後、少しずつ耕作地の拡大が進み、金属製の鍬や鋤が使われるようになりました。牛などの家畜を使って畑を耕すようになったり、水路をひいて灌漑を行うようになったり、輪作など徐々に高度な農業技術が開発されていきます。また、作物についても、もともと栽培化された地域から、民族の移動や交易によって世界各地へと広がっていったと考えられます。その後、大航海時代になり、新大陸が発見されると、それに伴って多くの作物が世界中で栽培され、流通するようになりました。特に、産業革命を契機に人口の急激な増加が始まり、この人口を支えるための食料生産が必要となると、いくつかの重要な農業技術の革新が起こります。

1つ目は、トラクターなどの農業機械の出現であり、これによって農作業の労力が急激に減少し、飛躍的に農地の規模が拡大して、近代的な大規模農業が可能になったのです。2つ目は、工場での化学肥料の生産であり、その結果、それ以前とは比較にならないほど、高い収穫量を達成できるようになったのです。これに加えて、灌漑設備の整備や農薬の開発も農作物の安定生産に大きく貢献しています。

さらにもう一つ重要なポイントとしては、品種改良によって開発された近代品種の導入（緑の革命）です（図1-1）。こうして開発された近代品種は、広い地域に適応し、栽培しやすく、生産性も高いものです。事実、こうした農業技術の革新の結果、さまざまな作物の生産量は劇的に増加し、増え続ける世界の人口を支えるのに必要な食料を供給してきたのです。しかしながら、世界の人口は相変わらず増加し続けている一方で、工業化や地球温暖化などの栽培環境の変化によって耕作可能な面積は減少傾向にあるため、より効率的で安定した栽培技術や品種が望まれています。また、食料の確保といった観点からは、私たちダイズのようなタンパク質を多く含み、窒素固定もできる作物を利用して、現行の石油などの化石ネルギーに頼った栽培技術から、生産性を保ちつつ省エネルギーな栽培技術へとシフトする必要があると考えられます。

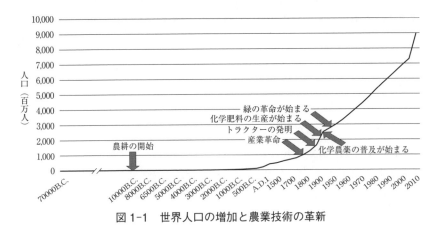

図1-1　世界人口の増加と農業技術の革新

2. 持続可能な農業と食料生産

　人が地球上で繁栄し続けていくためには、食料の持続的かつ安定な供給が必要不可欠であることはいうまでもありません。そのためには、将来にわたって限られた農業資源（農耕地、農業用水など）を利用し、私たちのような作物の栽培を続けていくことについて、今一度考えてみる必要があります。この際のポイントはいくつも存在しており、それぞれの考え方に立った人たちが社会的な活動や取り組みを繰り広げています。そのうちよく耳にするものとしては、有機農業や循環型農業、地産地消やフードマイレージといったものがあります。これらは基本的に、環境負荷の低減を目指した活動であり、そのコンセプト自体は間違ってはいないのですが、現在の地球上の人口を養っていけるだけの農産物の生産量を担保したうえで、将来まで安定して生産が可能かどうかという観点からみると、不透明な点が多いのも事実です。

　例えば、化学肥料をまったく使わず農業を続ければ、私たち作物が育つのに必要な土壌中の養分（特に窒素）はだんだんと減少してしまい、収穫量は年々低下するはずです。もちろん、農地に入れる肥料の一部分を、家庭や社会から出る廃棄物や屎尿を循環して利用することは可能ですが、基本的に人が消費した分は減少してしまうはずですから、私たち作物が吸収した分をすべて農地に

戻すのは不可能だと考えられます（図1-2）。また、化学農薬をまったく使わずに栽培することになれば、私たち作物に病気や害虫が大発生した年には、収穫物が激減し、農薬がなかった時代に起こっていたような大飢饉に襲われる可能性もあります。つまり、これらのコンセプトの良い部分をできるだけ取り入れつつ、農業機械や農薬、肥料の効果的な利用法、さらには私たち作物の品種改良を進めて、できるだけ農薬や肥料の使用量を減らしても生産力を維持できる新品種を開発することも大切になってくるのです。

　私たち作物の品種改良については、近代育種の始まりとともに、純系選抜、人工交配、突然変異誘発といったさまざまな技術が開発され、生産性が高い近代品種が作出されてきました。特に、1960年代に始まった緑の革命では、イネ科の作物を中心に大量の肥料を投入する集約的な栽培に適した半矮性（植物の草丈が低くなること）の品種群が開発され、短期間のうちに単位面積あたりの生産量を数倍に増加させることに成功したのです。その結果、主食として利用されている作物を十分な量だけ確保することが可能となり、人が地球上に出現してから長いこと続いていた慢性的な食料不足からやっと脱却することがで

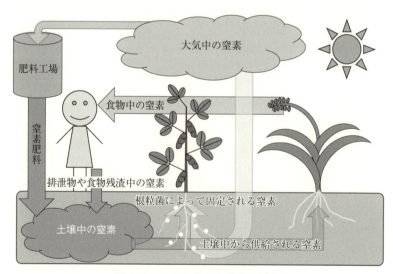

図1-2　作物を介した窒素の循環

きたのです。

　しかし、今後も世界の人口は増加し続けると考えられており、これからの農業では、さらに高い生産性を実現しなければなりません。アメリカにおける私たちダイズの生産力向上についての予測では、近い将来の生産力向上のうち約60%が遺伝子組換え技術を含む新しい品種改良に依存しており、栽培技術の進歩による増収はわずか20%ほどであるといわれています。そう考えると、私たちダイズ以外の作物についても、新たな技術を用いた品種改良を使って、生産性の向上を目指すべきことは明らかです。

　また、別の角度から考えると、我が国をはじめ工業化が進んでいる先進国では、私たち作物を育ててくれる農業従事者の不足という問題も深刻化しています。このような現象は、他の産業に従事する国民の割合が高く、農業従事者が高齢化して後継者が確保できないことが原因であり、過疎化が急激に進行している農村も多いのです。こうした課題の解決には、農業政策、農業技術の革新、農家の収益改善など、総合的な農業振興の取り組みも必要となっています。

3. 農作物の品種改良と遺伝子操作技術

　ここでは、私たち作物の品種改良の歴史と遺伝子操作技術について考えてみましょう。人が農耕を始めてから、私たち作物の品種改良は絶え間なく続いてきたのですが、その方法は時代とともに、より効率的な方法に変わってきました（表1-1）。メンデル（Gregor Johann Mendel）による遺伝の法則の発見以前は経験的な技術が中心であり、栽培を行っている作物の中で優秀な性質を示した個体を親として、種子を採取して次の年に栽培したり、株分けや接木などをして優秀な作物の子孫を増やすといった選抜が主な技術でした。しかし、その際、栽培されている私たち作物集団の中では、自然に突然変異が生じたり、近くの個体同士でランダムな交雑が生じたりして、さまざまな遺伝的バリエーションが発生しては消滅するということを繰り返していたのです。これに加えて、人の移動範囲が広がるにつれ、地理的に離れた地域で栽培されていた

表 1-1　作物の品種改良に使用されるいろいろな手法

手　法	特　徴
純系分離	採集した遺伝的に雑多な集団の中から、優れた形質を示す系統を選抜し、遺伝的な固定をはかる
人工交配	異なる特徴の品種同士を交雑して得た子孫の中から、優れた形質を示す系統を選抜し、遺伝的な固定をはかる
突然変異誘発	改良したい品種に対して、変異原処理を行って得られた集団の中から、着目している形質が変化した系統を選抜する
遺伝子組換え	特定の形質を制御することが明らかになっている遺伝子を試験管内で加工した後、改良したい品種のゲノム中に組み込み、期待される形質が変化した系統を作出する
ゲノム編集	改良したい品種の遺伝子の塩基配列を直接変化させ、期待される形質が変化した系統を作出する

　私たち作物がヒトの手で持ち込まれるようになり、このうち栽培環境に適応できた私たちの仲間が新たな地域で栽培されるようになったのです。人はこれを移入と呼びますが、この移入によって、本来その地域の作物集団には含まれなかった遺伝子を持った作物の持ち込みが生じていたと考えられます。この時代の品種改良のスピードは遅く、私たち作物の変化もきわめてゆっくりとしたものでした。

　これに対して、遺伝の法則が発見された後は、その理論が品種改良に応用されるようになりました。異なる品種同士を人為的に交雑させて、その子孫の中から優秀な性質を持ったものを選抜する人工交配法が確立し、計画的な品種改良が可能になったのです。そして、気温や日長（昼の長さ）を制御することにより、私たち作物の栽培を1年間に複数世代にわたって行う世代促進技術も開発され、これらの技術を組み合わせることで、品種改良はさらにスピードアップしました。また、普通に交配しても雑種が形成できない遠縁の親同士の組み合わせでは、染色体倍化や組織培養などの技術を使って雑種を作る方法も開発されました。そして、それ以前には不可能だった親同士の組み合わせから、さまざまな種間雑種も作出され、私たち作物の新しい仲間が生み出されています。このような人工交配を用いた方法は、現在でも新しい品種を開発する際に

主要な技術として利用されているのですが、なぜ異なる品種を交雑させることが品種改良に有用なのかを遺伝子レベルで考えてみましょう。

　まず、私たち作物のさまざまな性質を決定しているのは、それぞれの作物がもっている遺伝子の組み合わせです。一個体の作物が持っている遺伝子の数は作物の種類によっても異なりますが、大体数万個ぐらいがセットになっています。この遺伝子について、親となる2つの品種を比較すると数百個から数千個ぐらいの違いがあり、その遺伝子の違いが品種ごとのさまざまな性質の違いを生じさせているのです。このような違いを持った2つの品種の間で人工交配を行うと、2つの品種に含まれていた多くの遺伝子が子孫に伝わる際に自然に組換えを起こすので、両親とは異なるさまざまな組み合わせの遺伝子セットを持つ個体が出現するのです。そこで、このさまざまな遺伝子を持つ子孫の中から、優れた性質を持つ個体を選び出し、新品種が作り出されるのです。しかし、この自然に生じる組換えは、人為的にコントロールすることは不可能なので、どのような遺伝子の組み合わせを持つ個体が得られるかは予想できません。例えば2つの親品種の間に仮に100個の異なる遺伝子が存在している場合には、その子孫に生じる可能性のある遺伝子の組み合わせは、2の100乗という天文学的な数になってしまい、実際にはすべての遺伝子が最良の組み合わせを持つ個体と出会うことはかなり困難です。このため、限られた数の親品種の人工交配の組み合わせから、次々と新たな性質を持った品種が作出される場合も多く、現在でも人工交配は私たち作物の主要な品種改良技術となっています。

　ただ、この方法もすべての作物の品種改良に利用できるわけではありません。特に、種子で繁殖することができない作物種では、突然変異の利用が最も有力な品種改良技術です。古くから永年性の果樹などの改良には、突然変異が自然に発生した枝（枝変わり）を挿し木や接ぎ木で増殖するという方法がとられてきましたが、この枝変わりの出現頻度はそれほど高くありません。そこで現在では、放射線照射や化学薬品処理によって突然変異が生じる確率を高める突然変異誘発法が開発・利用され、計画的に育種が行われています。

　この突然変異誘発法は永年性の作物のみでなく、一年性の作物の品種改良にも活用されます。この方法の利点は、改良の標的となる遺伝子以外の遺伝子に

対する影響が少ないことです。そのため、その品種の特徴は残しつつ特定の性質のみを改良したい場合や、希望する性質を持った遺伝子を持つ親品種が見当たらない場合にしばしば利用されます。

しかし、目的とする突然変異体を得るためには、数千個体以上といった比較的大規模な集団を調査する必要があります。日本では、1960年に茨城県に放射線育種場が設置され、さまざまな作物を対象としたガンマ線照射が行われ、新たな私たちの仲間が作られてきました。また、最近ではガンマ線よりも変異導入効率が高いとされるイオンビームを用いた突然変異誘発法にも注目が集まっています。

その後、種の壁を超えて特定の遺伝子を品種改良したい作物に組み込むことができる遺伝子組換え技術が開発されました。この技術は、細胞から取り出した遺伝子を、試験管内で加工した後、再度、生物に組み込む技術です。

ここで少し、遺伝子について説明します。生物の性質を決めている遺伝子は、化学的にはヌクレオチドと呼ばれる化合物がたくさんつながったDNAという物質でできており、主に染色体と呼ばれる構造をとっています。ヌクレオチドには、4種類の塩基（アデニン、グアニン、シトシンおよびチミン）のいずれかが含まれており、これらの塩基を含む4種類のヌクレオチドがどのような順番でならんでいるかによって遺伝情報が伝えられますが、この仕組みは基本的にすべての生物で共通です。つまり、イネや人の遺伝子でも私たちダイズの中に組み込めば、同じ遺伝情報を伝えることができるのです。

この遺伝子組換え技術を使った作物の品種改良では、働かせたい遺伝子を持つ生物の細胞からDNAを取り出し、酵素で切断して、特定の性質についての情報を持つ部分を切り出します。これを試験管内で、ほかに必要な遺伝子とつなぎ合わせたうえで、アグロバクテリウムと呼ばれる土壌細菌の一種を介して改良したい作物の細胞中に導入し、その作物が持っている染色体の一部に外来のDNA断片を組み込みます。いったん染色体に組み込まれれば、どの生物種のDNAであっても、人工的に合成されたDNAであっても、細胞の中ではもともとあったDNAと同じように複製され、作物がもともと持っていたDNAと同じように遺伝子として働きます。こうして外来DNAを組み込まれた細胞

は、組織培養技術を用いて増殖され、ホルモン処理などによって、その細胞から再び植物体を再生させることもできるのです（図1-3）。この方法によって、生物種の制限なく、任意の遺伝子を作物の改良に用いることができるようになりました。その結果、除草剤耐性や害虫抵抗性といった、それ以前の品種改良法では想像できなかったような、画期的な性質を持つ作物を作出することも可能になったのです。

　しかし、この遺伝子組換え技術を用いて改良された私たちの仲間が初めて流通するようになった1994年から、すでに四半世紀が過ぎているにもかかわらず、遺伝子組換え作物は一般の消費者になかなか理解されず、実用化のためには厳しい法的規制もあるため、当初の期待ほどには広がっていないのです。これは、一般の消費者が、遺伝子組換え技術がこれまでの品種改良とはまったく異なる技術であり、遺伝子を改変したら、何か予想もつかないことが起こるのではないかというイメージを持っているためだと考えられます。しかし、現実には、私たちを含むすべての生物は、原始の地球に生まれた最初の生物種から絶えず遺伝子レベルの変化を繰り返し、現在、地球上に暮らしているさまざま

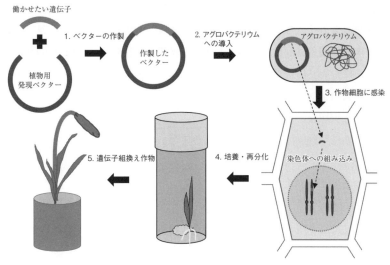

図1-3　遺伝子組換え技術を用いた作物の改良

な生物種へと進化してきたのです。また、作物化や家畜化、品種改良ということ自体が、人為的にこの進化の過程を加速させ、短期間のうちに人が利用するために適した生物種を作り上げてきたもので、遺伝子組換え技術だけが特別なことをしているわけではないということを理解してもらう必要があります。

　一方で、最近では、遺伝子組換え技術を使わずに、近年急速に蓄積が進んだゲノム情報や分子生物学的な知見を利用した品種改良を行うための新たな技術として、逆遺伝学的なアプローチが注目されています。この技術は、突然変異体の集団を作製するところまでは従来の品種改良法と同じなのですが、改良したい遺伝子の塩基配列を解析して、目的の遺伝子に突然変異を生じた個体だけを選び出し、その突然変異体を使って品種改良を行うというものです。この方法は遺伝子組換え技術よりも少し手間はかかりますが、改良された作物自体に異なる種の遺伝子は組み込まれないため、遺伝子組換えではなく、通常の方法で品種改良されたものとして扱うことができるのです。

　また、さらに進んだ手法として、NBT（New Breeding Technology）と呼ばれる一連の新しい技術も開発されています。これらの技術の中には、ゲノム編集と呼ばれる、特定のDNA配列を切断する人工ヌクレアーゼと短い合成DNAを用いて、標的遺伝子の塩基配列のみを人為的に変化させ、その遺伝子の機能を改変させるステップが含まれています。そのため、現時点では、これらの技術で作製された私たちの仲間が遺伝子組換え作物として取り扱われるのかどうかについては、はっきりしません。しかし、私たち作物が今後も増え続ける世界人口を支えていくうえで、作物の品種改良技術の選択肢が増えることは、とても大切なことだと思います。

　最後に私たち作物の立場から考えてみると、本来、野生植物であった私たちの祖先が人の手によって栽培されるようになり、とても長い時間をかけて、もとの植物とはずいぶんと違うものに進化し、今では祖先とはまったく違う作物になっているのです。いったんこうなってしまうと、もう厳しい自然の中で野生の植物に交じって子孫を残していくことは難しいし、私たちが人と一緒に生きていく以上、これからも新しい技術を使って品種改良され、もっともっと進化させてもらえるのだろうと思います。未来の私たちの子孫がどのように変

わっていくのか少し楽しみです。

参考文献
中尾佐助『栽培植物と農耕の起源』岩波書店、1966 年
鵜飼保雄『植物改良への挑戦 ─ メンデルの法則から遺伝子組換えまで ─』培風館、2005 年
穴井豊昭「有用作物の作成」植物生理化学会編集、長谷川宏司監修『植物の知恵とわたしたち』
　大学教育出版、2017 年

第2章
植物起源の医薬品の開発

1. はじめに

　私たち植物は、さまざまな場面で人の役に立ってきました。最も大きな役割は人の食料となることですが、そのほかにも建物や家具の材料として住居を提供したり、麻や綿花のように衣服の素材になるなど、衣・食・住のすべてに深く関わっています。

　さらにいえば、自然生態系における〈生産者〉として、多くの生き物の命を支えています。地球上の生物のほとんどは呼吸によって酸素を取り込み、酸素と炭水化物を結びつけて得られるエネルギーを生命活動の源としています。この炭水化物と酸素を光合成によって供給しているのが私たちであり、人にとっては文字通り生命線となっています。

　このように、私たち植物は人間の生命・生活の基盤として重要な役割を担っていますが、私たちが作る特殊な化学成分もまた、人はさまざまに利用してきました。染料や香料、薬などがそうです。ここでは特に、医薬品の原材料としての私たちと人の関わりについて紹介します。

2. 医薬品としての植物の利用

(1) 薬となる植物と人の関わり

人は、三大栄養素と呼ばれる炭水化物、タンパク質、脂肪のほかに、ビタミン類や無機栄養素を摂取する必要があります。これらが欠乏すると身体の機能が正常に働かない状態、すなわち病気の状態になります。

医学が進歩した現在では、科学的な理論に基づく医療によって病気の治療が行われています。しかし人は、知性を得る以前から健康を維持するために必要な食物を見つけて食べてきました。さらに、身体に不調が生じたときに食べると効果のあるもの——普段は食物にしないもの——も本能的に選び取り摂取していました。

人は、本能的・経験的に利用してきた〈体の調子を整えるもの〉を体系化し、〈薬〉として利用するようになりました。そして最も多く薬として利用されてきたのが私たち植物です。

私たちを薬に利用した記録は、紀元前3000年頃のエジプト、メソポタミアにおいて見いだすことができます。西洋では、15世紀頃から私たちを薬として積極的に利用するようになり、薬になる成分を取り出して服用し、病気を治す西洋医学が発展しました。

東洋では、中国の後漢の時代に書かれたとされる『神農本草経』や明の時代の『本草綱目』（李時珍（中国・明代の本草学者）1578年）に薬になる私たちのことが記述されています。中国ではこれらの薬を中薬と呼びますが、日本には奈良時代に紹介され、中薬の処方に江戸時代以降の日本独自の工夫が加えられて漢方薬（和漢薬とも呼ばれます）、漢方医学が成立しました。

(2) 薬用植物による医薬品の開発

私たち植物のなかでも、薬の材料として利用されるものは〈薬用植物〉と呼ばれます。漢方薬の材料というイメージが強いと思いますが、ハーブやスパイスなども含まれます。病気、怪我の治療や体質改善、健康維持に効果がある

植物の総称が薬用植物なのです。私たちに含まれるある成分が人間の体内に入り、さまざまな生理活動を調節、制御することによって体調が整えられ、病気が治って健康になります。この成分は種ごとに特異性があり、多種多様な薬用植物が異なる生理活性（薬としての働きを示す場合には薬理活性とも呼ばれます）を持つため、多くの病気を治すことができます。

さて、病気を治す効果がある成分（有効成分、薬効成分などと呼ばれます）ですが、その多くは二次代謝産物と呼ばれるものです。私たち植物の場合、一次代謝産物とは光合成で作られる糖です。これを出発物質として、さまざまな酵素反応による修飾を経て作られる化合物が二次代謝産物（図2-1）で、ポリケチド、アルカロイド、フラボノイドなど、多様な化合物群に属する有機化合物です。

さて、この二次代謝産物ですが、私たちは他の生物の役に立つために作っているのではありません。さりとて、二次代謝産物は私たちの成長や増殖に直接的に関与もしません。なぜ二次代謝産物を作るのか、わかっていないことが多いのです。現在推測されている二次代謝産物の役割には以下のようなものが考えられています。

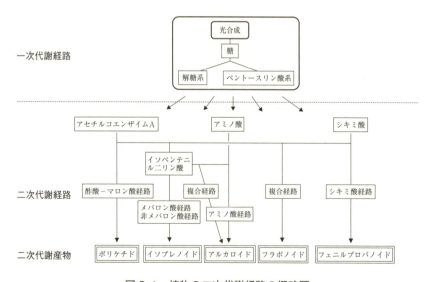

図2-1 植物の二次代謝経路の概略図

① 環境耐性の獲得
② 動物による食害の回避
③ アレロパシー（allelopathy：他感作用）

　私たちは根を張った場所から移動できない生物です。環境が生育に適さない条件になったり、私たちを食べる動物が近づいてきても、移動して逃げることができません。そのため、低温や乾燥、紫外線などに対する防御物質を作って不都合な環境に耐えたり、苦み成分や毒性成分を作って食べられないようにしたりすることにより、生き抜こうとしたと考えられています。また、自分の周りに競争相手となる他の植物や菌類を近寄らせないための忌避物質や、昆虫の食害を受けると、その昆虫の天敵を呼び寄せる誘因物質を放散する能力（アレロパシー）を持つに至ったとも考えられています（図2-2）。
　二次代謝産物は、他の生物に対して影響を及ぼすものが多く、医薬品、化粧品、殺虫剤等に利用できます。薬用植物は、薬理活性に注目され、病気の治療に用いられました。
　西洋では私たちから薬理活性を持つ物質を取り出し、その作用機作を研究したうえで人体に投与し、病源に直接作用させて病気を治すという医学を発展さ

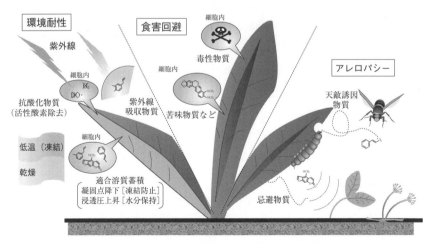

図2-2　植物における二次代謝産物の役割

せました。一方、東洋の、特に漢方医学は、複数の生薬を配合した漢方薬を日常的に服用することで、体質の改善・治癒力の向上を図る医学です。

ここでいう生薬は、薬効成分を抽出せず、保存や加工に適した形にするための簡単な処理を加えたものを指します。根を利用する薬用植物では、根を切り取り、乾燥などの処理を施したものが生薬です。漢方薬に使うときには、粉末にし、直接、または煎じて薬湯にするなどして服用します。したがって、生薬を作るためには根や茎など、私たちの体の部位が必要で、多くの場合、天然物を採取することによって調達されています。

漢方薬は、主要な薬効成分だけでなく生薬に含まれる他の成分が複合的に作用して効果が現れると考えられており、詳しいメカニズムが解明されていない点が西洋医学とは対照的です。日本は西洋医学が主流ですが、漢方薬による治療も広まっており、世界的にも漢方薬の使用量は増加傾向にあります。

3. 薬用植物による医薬品開発の将来

（1）薬用植物利用における課題

私たち植物を薬として利用するにあたっては、いくつかの課題があります。

まず、生薬を作るためには、ある程度成長した私たち植物そのものが必要です。しかし、需要が多い生薬ほど、成育に数年かかる薬用植物が元となっている場合が多く、需要の増加に供給が追いつかなくなる恐れがあります。

日本で使用される生薬は100〜300種類ですが、使用量の多い上位60品目までで全体の使用量の約90％に達し、それらの調達先は80％が中国で、ほぼすべてが天然物の採取によって供給されています（表2-1）。そして、中国における需要の増加、大量収穫による品質の低下などの影響（正山、2008年）で需給のバランスが崩れ、2006年からの4年間で生薬の価格が60％値上がりしました。

また、日本が名古屋議定書（正式名称：「生物の多様性に関する条約の遺伝資源の取得の機会及びその利用から生ずる利益の公正かつ衡平な配分に関する名古屋議定書」、図2-3）を2017年に締結、発効したことから、今後、遺伝資

表 2-1　2014 年度の日本における薬用植物（生薬）使用量と生産国

		使用量（kg）	生産国内訳（%）		
			日本	中国	その他
1	センナジツ	2,200,031	0.00	0.00	100.00
2	カンゾウ	1,565,371	0.00	99.94	0.06
3	ブクリョウ	1,477,719	0.01	99.85	0.14
4	シャクヤク	1,463,883	1.15	98.85	0.00
5	ケイヒ	1,026,785	0.00	86.29	13.71
6	コウイ	847,216	100.00	0.00	0.00
7	トウキ	840,053	21.99	78.01	0.00
8	タイソウ	820,453	0.00	100.00	0.00
9	ハンゲ	812,190	0.00	100.00	0.00
10	ソウジュツ	810,446	0.00	100.00	0.00
11	ニンジン	688,306	0.14	99.81	0.05
12	サイコ	601,076	2.56	97.37	0.07
13	マオウ	586,438	0.00	100.00	0.00
14	センキュウ	540,827	74.78	25.22	0.00
15	カッコン	502,113	0.00	99.41	0.59
16	ヨクイニン	471,880	0.01	60.6	39.39
17	ヒャクジュツ	468,173	0.00	99.96	0.04
18	タクシャ	431,216	0.00	100.00	0.00
29	ジオウ	411,255	0.55	99.41	0.04
20	ショウキョウ	391,056	0.01	99.99	0.00

（日本漢方製薬製剤協会『原料生薬使用量等調査報告書（5）』2016 年）

源としての薬用植物の利用に大きな影響が生じることが予想されます。

　この議定書は、動物、植物、微生物などの〈遺伝資源〉を利用するにあたって、それらが他国から得られたものである場合、その遺伝資源がもたらす利益を原産国と利用国で分け合うことを定めています。また、利益には非金銭的なものや伝統的な知識も含まれており、輸入の依存度が高く、中国由来の漢方薬にはそれらの利益分配に相当する価格上昇が発生する可能性があります。

　このため、使用量の多い薬用植物の国内栽培への転換が進められています

122　第3部　人の生命を支える植物とのコミュニケーション

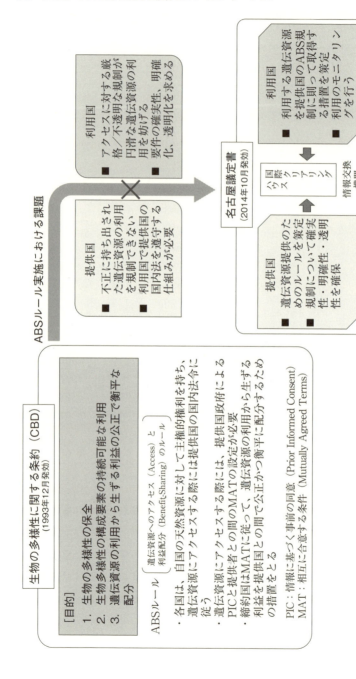

図2-3　生物多様性条約と名古屋議定書

が、そこにも課題があります。薬用植物は、効率的な栽培方法がほとんど解明されていません。すでに多くの薬用植物が国内で栽培されているにもかかわらず、輸入に依存していたのは、国産の生薬では定められた基準（日本薬局方[1]で規定されています）を満たすことができなかったためです。薬効成分の含量の基準を満たすことができる栽培方法の確立が求められています。

では、どのように栽培すればよいのでしょうか。その一つに、私たち植物の持つ性質を利用する方法があります。私たちの中には、環境や食害などの外的要因（ストレス）を受けると、二次代謝産物を多く産生するようになるものがいます。

例えば、漢方薬に特に多く用いられる生薬の甘草は、ウラルカンゾウ（*Glycyrrhiza uralensis*）の根が原材料です。ウラルカンゾウの原生地はロシア ウラル地方、モンゴル、中国北部で、乾燥・寒冷なステップ気候に属する地域です。ウラルカンゾウは日本でも栽培は容易ですが、日本薬局方の基準（グリチルリチン酸2.5%以上含有）を満たすことが難しいことが知られています（Kiyotomo *et al.*, 2012年）。その原因の一つが日本と原生地の気候の違いと考えられ、ウラルカンゾウは寒冷・乾燥した条件下でグリチルリチン酸を多く産生するのです。このように、薬用植物が、どのような条件で二次代謝が促進されるかを研究すれば、国産化実現に一歩近づくことができます。

また、栽培品種の育種も必要です。農作物と同じように、遺伝的に均質な栽培品種を作ることによって、安定した生産が可能になります。

（2）薬用植物による医薬品開発のこれから

私たちの仲間は全世界で30万種ほどが知られています。その仲間たちが作る二次代謝産物はまだ十分に研究されておらず、私たちは種ごとに特異な二次代謝産物を産生することを考慮すると、これまで知られていない、未知の薬理活性を持つ新規化合物が発見される可能性は非常に高いでしょう。私たちは多くの新薬を生み出す宝箱のようなものです。

新薬のもとになる私たちが見つかったとして、次に、薬の大量生産法を考えると、最も低コストなのは、私たちを栽培して増やすことです。優良な栽培品

124　第3部　人の生命を支える植物とのコミュニケーション

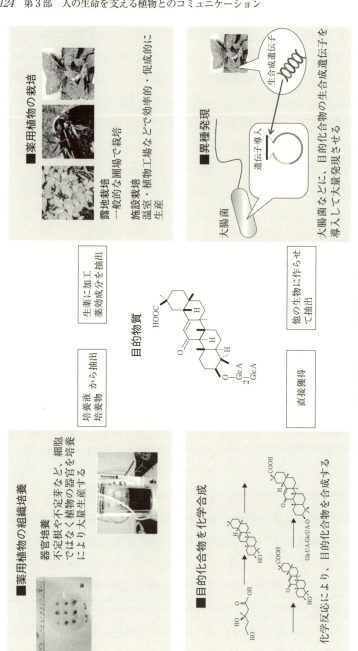

図2-4　薬の材料となる化合物の獲得方法

種を作り出し、効果的な栽培方法が確立されれば、既存の農業生産技術により大量生産が可能になります。

　一方で、栽培による生産は時間を要し、天候や病害などの影響で質・量が安定しないデメリットがあります。そこで化学的、植物工学的手法によって大量生産する方法も考えられます。構造が単純な物質で、コストがかからないなら、化学合成で大量生産するのが効率的です。合成が難しいときは、ジャーファーメンターを用いた大規模細胞懸濁培養で薬効成分を生産する方法も考えられます。

　さらに、栽培では時間がかかり、大量培養も困難な薬用植物であれば、二次代謝に関わる遺伝子を探索して、大腸菌などの異種生物にその遺伝子を導入して薬効成分を大量生産する方法もあります。技術の進歩により、生物の遺伝子配列をすべて読み取ることも容易になっています。遺伝子工学的手法は医薬品の大量生産や創薬の強力なツールとなることでしょう（図2-4）。

　自然界には、私たち植物をはじめ、新規な薬理活性物質をつくる未知の生物が数多く存在するはずです。これからの研究の進展により、人を病気から救う医薬品の開発がますます進んでいくことでしょう。

4. おわりに

　さて、私たち植物と人の関わりを、医薬品開発という視点から解説してきました。私たちは、太陽から降り注ぐ光エネルギーを、水と二酸化炭素を材料に糖やデンプンなどに変換して固定・貯蔵して自ら利用し、その固定したエネルギーを他の生物に配分して生命を支えるという役割を担っています。人は、さらに病気の治療に私たちを利用して寿命をのばし、数を増やすことで現在のような地球の支配的な地位に立つことができました。

　人の皆さんは、今の地位におごることなく、自分たちをこれまで支えてきた私たちと、私たちが生きていくために必要な生態系の重要性に今一度目を向け、敬意を払って末永く共存していけるよう努力してもらいたいものです。

注

1) 「医薬品、医療機器等の品質、有効性及び安全性の確保等に関する法律」第41条により、医薬品の性状および品質の適正を図るため、厚生労働大臣が薬事・食品衛生審議会の意見を聴いて定めた医薬品の規格基準書。

引用文献

Kiyotomo *et al.* Comparison of Quality of Licorice (*Glycyrrhiza uralensis*) under Different Groundwater Levels and Soil Conditions. "Journal of Arid Land Studies (22)" 2012, 275-278.

正山征洋「世界の薬用植物事情」『薬用植物研究 30 (1)』2008年、pp.1～5

参考文献

経済産業省北海道経済産業局・公益財団法人北海道化学記述総合振興センター『北海道における薬用植物の活用及び関連産業振興に関する検討会報告書』2012年

日本漢方製薬製剤協会『原料生薬使用量等調査報告書 (5)』2016年

竹田忠紘ら編『天然医薬資源学 第3版』廣川書店、2008年

Volker Fintelmann and Rudolf Frits Weiss『フィトセラピー 植物療法事典』ガイアブックス、2012年

第3章
植物栽培と精神安定

1. 芸術家と私たち植物

(1) 若山牧水（1885-1928年）

　若山牧水は、1885（明治18）年に宮崎県東臼杵郡に開業医の長男として三姉妹の下に生まれます。牧水の随筆『おもいでの記』では、母親を、「頰を抑へて泣いてゐると、母は、為かけた仕事を捨てておいて私を背に負ひながら釣竿を提げて渓へ降りて行つた。さうして何か彼にか断えず私に話しかけながら岩から岩を伝つて小さな魚を釣つて呉れた」「親しいをんなの友達であつた様にも思はれる」と書いています。牧水は、両親に愛されて育っており、「私は前に断えず山に入り込んで遊んでゐたと書いた。この癖を私に植えたのはまさしく私の母であつた」と、自分の山好きは母と遊んだ体験が影響していると述べています。

　また、小学校の頃の様子が、次のように記されています。

　　私は旧の村より更に辺鄙な山奥で、付近の子供達にも一人として遊び仲間になる様な者がなかつた。

　　よくよくの思ひで自宅を出ても、途中の谷で独りで終日を遊び暮らして─

夕方ぼんやりと帰つて来た。

　友達と一緒に釣るよりも独りぽつちで釣るのを愛した。わざわざ握飯をこさへて貰つて山奥の渓（たに）へ入り込む事が多かつた。

　今までは知らず知らず仲間を避けてゐたのが、いつの間にか意識して他を避ける様になつた。そうなつて愈々（いよいよ）親しくなつて来たのは山であつた。また渓であつた。多くは独りで山に登り、渓に降りて行つたが、稀（まれ）に一人の友があつた。それは私の母であつた。

幼少期の友人関係のつまずきがきっかけで、母親が教えてくれた自然の懐（ふところ）に自分の居場所を見つけていったのです。

1907（明治40）年6月に、牧水は中国地方の旅に出ます。

　人間の心には、真実に自分が生きてゐると感じてゐる人間の心には、取り去る事の出来ない寂寥が棲んでゐるものである。行けど行けど尽きない道の様に、自分の生きてゐる限りは続き続いてゐるその寂寥にうち向かつての心を詠んだ。

そして、代表作「幾山河越えさり行かば寂しさのはてなむ國ぞ今日も旅ゆく」（歌集『海の声』）を詠みます。

牧水は、経済的に没落した家とはいえ父母の愛を受けて育ち、幼い頃の友人関係のつまずきを母から教えられた自然の中でやり過ごしました。都会に出ても、山育ちの純朴で純情な貧しい青年ははにかみやで謙虚で礼儀正しく、澄んだ黒い瞳の中に純真さをたたえていました。その後の「数年の懊悩（おうのう）は単純明朗だった青年を、人情の機微や下世話（げせわ）に通じた苦労人に仕上げ、晩年の心に襞（ひだ）の多い複雑な牧水を練り上げた」（『父・若山牧水』）のです。牧水は、43歳という若さで亡くなります。牧水に自然は欠かすことのできないものでした。牧水の心に、私たち植物が織りなす自然に対する美的感受性と自然愛が深く根付いていたからだといわれます。

（2）ヘルマン・ヘッセ（Hermann Hesse, 1877-1962年）

　戦後ノーベル文学賞を受賞したヘルマン・ヘッセが書いた『少年の日の思い出』（Jugendgedenken, 1931年）は、しばしば国語の教科書に採用されてお

り、彼は日本ではよく知られた作家です。ヘルマン・ヘッセは、1877年7月2日、ドイツ、現在のバーデン・ヴュルテンベルク州シュヴァーベン地方のカルフに生まれます。スイスのバーゼルとドイツのカルフで敬虔派の伝道師をしていた父は、孤独で苦悩の人であり、学識があり過ちを犯さない人でした。母は、両親の勧めで最初の夫と結婚しますが死別し、2人の子を連れて5歳年下のヘッセの父と再婚します。

　幼年時代のヘッセは、自己主張が強く、しばしば癇癪を起こすとはいえ、普段はおとなしい子どもでした。両親は、ヘッセのことを厄介な子どもと捉えます。ヘッセ4歳のときに、一家はドイツのシュヴァーベンからスイスのバーゼルに移り、そこでヘッセは、家の近くを走るエルザス鉄道を眺めたり、牧草地で蝶を追いかけたり、インディアンごっこ遊びに興じたりしていました。

> 　すでに幼い子どもの頃、私はたえず自然の珍奇な形を眺める癖があった。それは観察するというのではなく、その独特な魔力に、複雑な深い言葉に没頭したのである。このような形象を見つめ、不合理で、複雑で、奇妙な自然の形に熱中していると、私たちの心と、そういう形象を成立させた意志とが一致するものであるという感じをもつようになる。私たちは自分たちと自然とのあいだの境界がゆらぎ、溶けてしまうのを見、私たちの網膜に映るさまざまな形象が外部からの印象によるものか、それとも内部から生じたものかわからないような気分になる。
>
> (『デーミアン』Demian, 1919年)

　少年は散歩などしない。少年は、森へ行くなら盗賊か、騎士か、あるいはイ

ンディアンになって行く。川へ行くなら筏乗りか、漁師か、あるいは水車作りになって行く。草原へ走るのは、蝶の採集か、トカゲ捕りに行くのだ。

（「幼年時代の庭」Garten der Kindheit,『旋風』1933 年）

　ヘッセは、7 歳の頃には反抗的な態度をとり始めて児童寮に預けられたこともあり、自分が親から疎まれていることを感じます。義兄が音楽の道に進もうとする姿を見て、詩を作り始めていたヘッセは文学の道に進みたいと思います。ヘッセ 9 歳の頃、一家は再びドイツのシュヴァーベンに戻ります。

　ドイツでは自然、「庭」と関わりあう作家は、単純な、反動的な、あるいは時代の諸要求を免れるために現実から逃避する作家であるとみなされ、ヘッセは長らくドイツで敬遠されてきました。しかし、ヘッセは、人も自然の動植物と同じ一生物にすぎないと考え、自然は征服すべきもの、人のために利用すべきものと考える人中心の考えに疑問を投げかけます。この考え方は現代においても貴重であり、今日でも先進的でさえあります。

　1905 年にマリーア・ベルヌリとの間に長男が生まれ、ガイエンホーフェンに土地を買い、1907 年に我が家が完工します。そこでの 5 年間、生涯で初めて自分の庭をもちます。ヘッセが 9 歳の頃、母から自分で植物を植えて世話をするようにと、カルフの生家の裏の急斜面の小さな段々畑の一部を任されたことがありました。そのころから抱き続けてきた願いをやっと叶えるのです。後年、『ボーデン湖のほとりで』（Am Bodensee, 1931 年）において、最初の庭は実に正確に思い浮かべることができると述べるほど、庭造りに熱中します。

　彼は園芸を通して、「創造のよろこびと、創造者の思い上がりといったようなもの」に気づかされます。そしてさらに、「どんなに欲張っても、想像力を働かせても、やはり自然が望むところのものを望まざるを得ず、自然に創造させ、自然に任せるほかはない」自然の摂理を痛感するのです。この感覚は、災害の多い島国で長らく農耕を行ってきた日本人に通じるものでしょう。

　栽培植物たちは、個性に溢れ、子孫を残すためにわずかな季節を駆け抜けていきます。

　　　腐敗し分解されたものが、力強く、新しい、美しい、多彩な姿になってよみが

えってくる。

> どんな夏も、前の夏の死によって養われないものはない。そして、どんな植物も、土から生まれたと同じく、ひそかに、確実に、土に帰って行く。

ヘッセはこのような自然の循環を「当然の、しみじみと心にかなうこと」として受け入れます。「私たち人間だけが、この事物の循環に不服を言い、万物が不滅であるという事だけでは満足できず、自分たちのために、個人の、自分だけの、特別なものを持ちたがる」(『庭にて』In Garten, 1908 年) ということに思いを馳せるのです。

ヘッセの晩年は、ヘッセ54歳のときに3番目の妻ニノン・ドルビンとの生活が始まることで、再び庭と関わることができる穏やかなものになります。

> 庭師や炭焼きのまねごとは、この物理的転換と息抜きを果たすだけでなく、瞑想や想像の糸を紡ぎ続けたり、気持ちを集中させたりするのにも役立つのです。
> (「復活祭頃のメモ」1954 年)

人は、複雑な人間関係を抱えて人生という道を歩み続けます。この2人の芸術家は、人生の早い時期に私たち植物との魂、心のふれあいを経験し、私たち植物と深く関わっていきます。私たち植物は、彼らの精神性にゆとりをもたらしていたのではないでしょうか。芸術家ばかりでなく、市井の人々にも、彼らの生き様や言葉から湧き上がる感性は十分に共感できるものです。

2. 私たち植物との関わりから得られるもの

子どもは、出会った環境を受け入れ、それらを糧に成長していきます。子どもが私たち植物と出会うとは何を意味するのでしょうか。次にこの解を求めてさまざまなアンケート調査を行った山本の研究から紹介します。

2008 (平成20) 年、女子大学生と幼児をもつ母親、計491名に、植物の栽培の体験頻度と親の養育態度に関する質問紙調査を行いました。女子大学生、

幼児の母親ともに、植物の栽培を多くした人に、「自分の親は話をよく聞いてくれ、観察会や美術館などに連れて行き、いろいろ楽しませることをしてくれた。自分を受け入れてくれたし、困ったときには援助してくれるだろう」と思っている人が多いことがわかりました。親の養育態度は子どもの共感と関連することが知られています。さらに、共感と対人関係力（以後社会的スキル）という社会性に関わる事柄と、植物の栽培頻度の関係について検討が進められました。アンケートの質問項目を因子分析にかけた結果、幼児をもつ母親について、相手を慮（おもんぱか）る項目からなる「視点取得」と、問題を解決する項目からなる「問題解決」の値は、子どもの頃に植物の栽培を多く体験したグループの方が、少ないグループより明らかに高かったのです。女子大学生も同じ傾向でした。子どもの体験は複合的ですから、植物の栽培だけを体験して育つわけではありません。しかしながら、女子大学生も幼児をもつ母親も同様な傾向がみられたということは、子をもつ年齢になっても、幼いころの経験が影響していることを示唆するものでした。

　2002（平成14）年に週休5日制が学校に導入された頃に創設された、農業を主体にして自然体験や共同活動を行う、青少年の健全育成を目的とする市村自然塾というNPO法人があります。2016（平成28）年にこの自然塾を体験した高校生以上の若者82名の共感や社会的スキルについて、植物の栽培を「よくした」と回答した181名の一般高校生・大学生の回答と比較しました。個人的な不安に関する項目からなる「個人的苦痛」の値は、自然塾を経験した若者の方が明らかに低く（図3-1）、「問題解決」「トラブル処理」「会話」という社会的スキルに関わる因子の値は明らかに高かったのです（図3-2）。

　自然塾では2週間に1度、金曜日から日曜日まで2泊しながら9カ月間、仲間と泣き笑いの濃密な時間を過ごします。自分たちの食べる作物を育てるという目的で試行錯誤を繰り返す、そのプロセスが子どもたちを成長させたのでしょう。農業を介して仲間としっかり関わりあった子どもたちは、不安感の低い、社会的スキルのある若者に成長していました。

　哺乳類や昆虫類も子どもが関わる代表的な生物です。飼育体験は植物の栽培体験と何か違うのでしょうか。2008（平成20）年から2015（平成27）年にか

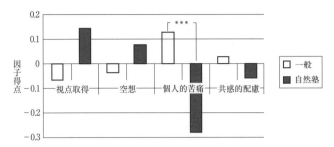

図3-1 植物の栽培を「よくした」高校生・大学生(一般)と、自然塾を経験した高校生以上の若者の共感
(注) ***p<0.001

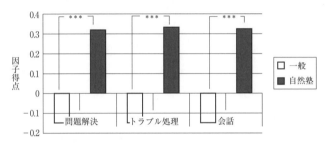

図3-2 植物の栽培を「よくした」高校生・大学生(一般)と、自然塾を経験した高校生以上の若者の社会的スキル
(注) ***p<0.001

けて調査した1,210名の高校生・大学生で検討されました。

彼らについて、社会的スキルの調査項目の得点が最も高いグループに特徴的な親の養育態度を調べたところ、先に述べた、女子高校生や幼児をもつ母親の、植物の栽培を多く体験したグループにみられた親の養育態度の特徴に加えて、「自分に手伝いをさせ、行儀やしつけに厳しく、自分で考えて行動するように言う」という養育態度もみられました。そこで、彼らをこれらの親の養育態度が「よくあてはまる」グループと「あまりあてはまらない」グループ、「ほとんどあてはまらない」グループの3つに分けました。それぞれのグループには、植物の栽培や飼育体験を「よくした」という若者が含まれています。その若者たちの社会性を比較して、親の養育態度による差があまりなければ、植物の栽培

写真3-1　鍬の練習
自然塾2017年HPより

や飼育を「よくした」体験が、社会性に寄与したと考えることができるでしょう。

以上の仮説をもとに、親の養育態度の異なる3つのグループで、植物の栽培や飼育体験を「よくした」若者の社会性の値を比べました（表3-1）。親の養育態度が「ほとんどあてはまらない」グループのなかで、昆虫類の飼育を「よくした」グループは、自分が映画の主役や登場人物の一人になりきってしまう「空想力」、相手のことを慮る「視点取得」、負けている方を応援するような「優しさ」、上手に指示したり助けたりする「援助力」において最も高い値を示しました。植物の栽培を「よくした」グループでも、「視点取得」と「優しさ」で同様の結果となりました。

また、植物の栽培では、困っている人への同情を示す「共感的配慮」、前述の「空想力」、すぐに会話が始められるなどの「会話力」、仲直りしたり人とうまくやっていったりする「コミュニケーション力」、問題のありかを見つけてどうしたらよいかを決める「提案力」では、親の養育態度が「よくあてはまる」グループと「あまりあてはまらない」グループ間に統計的な差がみられませんでした。つまり、昆虫類の飼育や植物の栽培体験をよくした若者は、親の支援がいくらか少なくても、親の支援の多いグループと遜色ない社会性を身につけていたと推察されるのです。

表3-1　幼少期に植物の栽培や哺乳類、昆虫類を育てた経験と社会性との関係

	共感				社会的スキル			
	共感的配慮	空想力	視点取得	優しさ	援助力	会話力	コミュニケーション力	提案力
昆虫類の飼育		◎	◎	◎	◎	○		
植物の栽培	○	○	◎	◎		○	○	○
哺乳類の飼育	○	○						

◎養育態度得点の低いグループ内で最も高かった因子、○養育態度得点が中くらいのグループが養育態度得点の高いグループと同様であった因子

一方、哺乳類の飼育では、親の養育態度が「よくあてはまる」グループと「あまりあてはまらない」グループ間で統計的に見て同様であったのは、「共感的配慮」と「空想力」だけでした。昆虫類の飼育や植物の栽培の結果と異なり、子どもがペットなどを飼育するときの態度は、親の養育態度と大きく関連していたと考えられます。

　以上の結果から、植物の栽培には人への優しい気持ちや思いやる態度、社会的スキルを育てる力がありそうです。人は、人として進化する以前から私たち植物が存在する場所を、命を紡ぐところとして認識し関わりあってきました。私たち植物と関わりあうことは、人にとって食料や寝床を確保できる安全を意味します。それは、緑色が安心や安全と認知されることが多いことにも表れています。幼いころから私たち植物と関わりあうことに楽しみを見いだした人は、その後の人生においても事あるごとに私たち植物と関わりあうことを求めることでしょう。関わりあうことが安全や安心をもたらすだけでなく、人間としての成長にも寄与するとなると目からうろこですね。

　現代では、子どもの生活体験や自然体験が減少していることが、子どもの意欲や積極性、問題解決力の不足に繋がっているのではないかと危惧されています。特にいじめや不登校などが社会問題化しています。子どもがさまざまな人と私たち植物を介してしっかり関わりあいながら人間力を磨いていく、以前は当たり前であったかもしれませんが、そのような子どもを取り巻く環境が改めて求められる時代になっているのです。それを実践している事例が先に紹介した自然塾であり、ほかにも日本各地で栽培などを通して子どもたちの人間力を育もうとする取り組みが始まっています。

　一方で、高齢化が進み、高齢者が施設で過ごすことも多くなりました。認知症高齢者の割合は、65〜69歳の2.9%から95歳以上では79.5%と増加しており、高齢になるほど現れやすい代表的な認知機能障害です。認知症は、脳の神経細胞のネットワーク障害によって起こりますが、その原因は多岐にわたり、進行性の経過をとるので、早い発見と進行予防が大切といわれます。薬物療法以外の治療として、補完・代替療法も多く取り入れられています。補完・代替療法では、基本的な心身機能を改善し健康な機能を活用するので、本人の自尊

写真 3-2 植物を組み合わせた押し花絵

心や効力感などが取り戻され、日常生活活動の低下を防ぐ効果があるといわれます。課題は、一人ひとりのペースを尊重した個別ケアの視点です。大脳辺縁系が関与する、好き、嫌い、気持ちよい、気持ち悪いなど、感性（五感）や感情に働きかけてサポートしていくことが大切です。

　西野（2017）は、無為に過ごしがちな高齢者の生活習慣改善、また軽度ばかりでなく中等度以降の認知症の進行予防にも園芸療法は有効であると、自身の病院での実践から述べています。関西のある大学では、施設利用者の方に植物の栽培だけでなく、押し花などを用いた製作物で支援する活動が行われています。押し花では、初めは言葉少なく自信なげな方も、だんだんと目に輝きが出て、「この花の色はきれいね」などと、お話しされながらいつしか両手で熱心に製作に打ち込まれます。植物のもつ色や形、植物にまつわる思い出などが心を刺激するのでしょう。製作するひと時に没頭され、製作が終わるとほっと安らぎ、達成感を味わっていただけるようです。自分の作品をしばらくじっと眺めておられる視線の中に、自己表現された満足と不安が入り混じります。それとなく素晴らしいと感じたところを褒めると、その方のまなざしがすっと安堵のまなざしにかわります。支援する側も、きらきらした笑顔にぽっと心が華やぎます。「冥途のみやげに」と、大事に部屋に持ち帰る方もいます。

　ましてや、野菜や果物を収穫し採れたてを味わうおいしさや楽しさは、育てた者だけに与えられた特権です。全国でもまだ少ないのですが、高槻市にあるデイサービスセンター晴耕雨読舎のように、高齢者の健康維持や機能改善に、植物の栽培活動を積極的に取り入れている施設もあります。植物がもつ力を利用して、植物を介して、より多くの方が幸せな気持ちで暮らしていける、そのような社会が望まれます。人生の終盤を迎えても自分らしく生きる、これは認知症などを患い、意思の表明が難しくなった方も同様におもちの感情でしょ

う。最期まで自分らしく人間らしく生きる術としても、私たち植物と何らかの形で関わりあうことは大切なことでしょう。

3. おわりに

　私たち植物との関係が希薄になったといわれる現代においても、私たち植物と関わった人びとは、私たち植物を通して成長し、安らぎます。そして、自然の摂理を感受し、自らの死を肯定的に迎え入れ、あるいは生きる希望を見いだし、あるがままの自分でよいという安心感を得て幸せを感じます。そこに、植物のもつ精神療法的側面があるように思われます。

参考文献

長谷川和夫「認知症とは何か」介護福祉士養成講座編集委員会編、『認知症の理解　新・介護福祉士養成講座12』中央法規出版、2016年
ヘルマン・ヘッセ『庭仕事の愉しみ』フォルカー・ミヒェルス編、草思社、1996年
中嶋祐司『あくがれの歌人─若山牧水の青春』文芸社、2001年
西野憲史「認知症と園芸療法」『日精協誌』36（8）、2017年
ラルフ・フリードマン著、藤川芳朗訳『評伝ヘルマン・ヘッセ─危機の巡礼者』草思社、2004年
澤口俊之『知性の脳構造と進化─精神の生物学序説─』海鳴社、1989年
荘厳舜哉『文化と感情の心理生態学』金子書房、1997年
八木喜代子「認知症患者へのダイバージョナルセラピー、園芸療法、タクティールケア」『精神科看護』39（11）、2012年
山本俊光「幼少期の栽培体験と親の養育態度との関係─女子大学生と園児の母親の場合─」『保育学研究』50（2）、2012年、pp.108-115
山本俊光「高校生の幼少期の自然体験と現在の社会性」『福岡大学研究部論集B：社会科学編』、2013年、pp.81-93
山本俊光「子ども向け宿泊型農業体験プログラムに参加した若者の社会性」『甲子園短期大学紀要』35、2017年、pp.9-16
山本俊光「幼少期に自然体験を頻繁に体験した若者の社会性」『環境教育』28（1）、2018年、pp.2-11

第4章
アロマセラピー

1. はじめに

　アロマセラピーという言葉をご存知でしょうか。アロマセラピー（aromatherapy、フランス語読みではアロマテラピー）は、香りを意味する「アロマ（aroma）」と療法を意味する「セラピー（therapy）」を組み合わせた造語です。私たち植物の葉や花、果実、根、樹脂などからは、さまざまな香りが採れます。人は、これらを嗅いだり皮膚に塗ったりして好ましい効果を得ることをアロマセラピーと呼んでいます。

　現代に生きる人たちは、さまざまなストレスを抱えています。仕事や人間関係といった社会環境によるもの、騒音や紫外線といった自然環境によるものなど、そのストレス要因はさまざまです。過度のストレスがかかり続けた人の体は、やがてうつ病などを発症してしまうこともあります。簡便にストレスをケアできる方法の一つとして、近年、人の社会でアロマセラピーがもつ効果への期待が高まっているのです。

　本章では、アロマそしてアロマセラピーとは何かということについて、「植物とアロマ」「人とアロマ」という関係性を中心にお話しします。

2. アロマとは

　私たち植物が、水、二酸化炭素および光を原料として作り出している物質は代謝産物と呼ばれています。一般的に微生物が作り出す代謝産物は数百種類、動物は数千種類なのに対し、植物は数万種類といわれています。つまり、私たち植物は他の生物と比較し、きわめて多様な代謝産物を作り出す能力を持っているのです。これは、根を張った土地から動くことができない私たち植物が、生育環境に適応して生きていくために生み出した戦略の一つなのです。

　代謝産物のうち、糖類やアミノ酸のように生物が共通して生きていくために必須の物質は、一次代謝産物と呼ばれています。一方で、生存競争を有利に進めていくために作り出される二次代謝産物と呼ばれる物質もあります。私たちは、特に二次代謝産物を作り出す能力に優れているのです。そして人は、私たちが作り出した代謝産物のうち、何かしらの香りが感じられるものを指して香り物質と呼んでいるようです。その中でも特に、好ましい香りを与える香り物質やその感覚を指して「アロマ」と呼ぶことが多いようです。

　人は、食品にアロマを添加していちだんとおいしくしたり、化粧品に良い香りをつけたりして商品の付加価値を高めています。また、ユーカリ油など医薬品原料としてアロマが利用されることもあります。このように人はアロマをさまざまな形で利用しています。

3. 植物とアロマ

　私たち植物は、さまざまな香り物質を目的に応じて使い分けています。では、私たちがどのような目的で香り物質を作り出しているのかについて、その一部を紹介します。

（1） 自分にとって有益な生物を呼ぶため（誘引作用）

　私たち植物も生物です。生物が生きていく大きな目的の一つに、自分の遺伝子（DNA）を後代に残すことが挙げられます。人は自分で動いてパートナーを選び遺伝子を子どもに繋ぐことができますが、私たち植物は生まれた場所から基本的には動くことができません。そこで、私たちは花粉を飛ばしたり、昆虫に花粉を運んでもらったりすることで受粉を行い、遺伝子を後世に残すのです。特に昆虫は受粉効率が良いため、彼らの力を借りるために香り物質を飛ばして昆虫を引き寄せ、蜜を与える代わりに受粉を手伝ってもらうことがあります。

（2） 害になる生物を寄せ付けなくするため（忌避作用）

　先ほどもお話ししましたが、私たちは自分の力で動くことができません。自分たちを食べてしまう可能性のある生物に対しては、あらかじめ彼らの嫌う香り物質を使って近寄らせないようにします。例えば、柑橘類やユーカリの香りが、特定の昆虫に対し忌避効果を持つことが報告されています。また、私たちは自分たちの仲間も大切にしています。ある種の植物は、自分が食害されると、周りの仲間たちに危険が近づいていることを香り物質の放出によって知らせます。香り物質を感知した仲間たちは、食害されにくくなるような体内物質を生成し備えます。これは人間が声を使うように、香り物質を植物個体間のコミュニケーションに使うように進化した一例といえます。

（3） 有害な菌などから身を守るため（抗菌作用）

　私たち植物は、香り物質を根から染み出させたり葉から揮発させたりすることで、体を腐らせたり病気をもたらしたりする有害な菌などから身を守っています。ティートリーやラベンダーに含まれる香り物質は、ある種の微生物に対して高い抗菌作用があることが報告されています。同様に、レモン果皮に含まれる香り物質であるゲラニアール（geranial）やネラール（neral）には、ある種の菌に対する抗菌作用があると報告されています。これらの成分はレモン果実の成熟中、菌から果実を守ってくれます。しかしながら、果実の成熟が進むとこれらの成分は減少し、逆に菌の生育を刺激する香り物質が増加すること

が報告されています。成熟後の果実を腐りやすくすることで、種子を拡散しやすくしていると考える研究者もいます。このように、成長段階に応じて自分が持つ香り物質の組成を変化させることにより、単純に抗菌作用を高めるだけでなく、自身の都合の良いように菌を操る仲間もいるようです。

（4） 生存競争の相手となる他の植物のじゃまをするため

　私たちは自分の子孫を残すためにさまざまな策略をめぐらしています。その方策の一つとして、他の生物や他の植物との生存競争に勝ち残っていくために香り物質を使う場合があります。すなわち、香り物質が揮発しやすいことを利用して飛び道具のように使い、他の植物の発芽や成長を抑制するという方法です。例えば、ある種のスペアミントはカルボン（carvone）と呼ばれる香り物質を作り出します。この物質は、土壌微生物の力によって強い発芽阻害活性をもつ物質に変換されます。これにより自分の周りに他の植物が生えてこないようにしています。

　以上のように、私たち植物にとって香りとは、人が用いる言葉のようなコミュニケーションツールであるのと同時に、身を守るための武器でもあります。そのため香り物質は、場合によっては私たち植物にとっても毒になることがあります。だからこそ、私たちは自分自身がその影響を受けないようにするため、香り物質の貯蔵場所や構造を工夫しています。例えば、ラベンダーやミントのようなシソ科植物は、葉の表面に毛のような器官を持っています（図4-1、被覆毛）。毛のような器官の多くはトゲトゲしており、害虫からの食害を防いだり、乾燥から身を守ったりするのに役立ちます。それらに混じって、丸い柄杓型の器官があります（図4-1、分泌毛）。葉から離すようにして、柄杓型の器

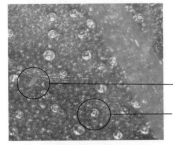

図4-1　ハッカ（シソ科）の葉の裏側を顕微鏡で見た様子

（右側ラベル：被覆毛／分泌毛）

官の先に香り物質を蓄えているのです。また、柑橘類のように果皮の内側に香り物質を溜めこむ器官（油胞）をもつ植物もいます。香り物質を他の細胞器官と隔てて貯蔵することで、香り物質が流出したり他の細胞に影響したりするのを防ぐ役割があります。このほかにも、葉などの細胞に配糖体の形で無毒化して蓄える仲間もいます。いずれにしても、香り物質を体の外に保管したり、安全な容器に入れて貯蔵したりするのが一般的です。

　以上のように、香り物質を利用することは、私たちが生きていくための重要な戦略の一つなのです。

4. アロマの抽出方法

　人はアロマを利用するために、私たち植物から香り物質を抽出します。抽出された香り物質は一般的に「精油」と呼ばれ、アロマセラピーで使われています。精油は数十から数百種類もの化学物質の濃縮物であり、揮発性、脂溶性などの性質をもっています。油という字が含まれていますが、同じように植物から抽出したオリーブオイルやシアバターなどといった油脂とは異なる種の化学物質でできています。

　精油は、その成分特性や植物中の含有率などに応じてさまざまな抽出方法があります。現在よく行われている方法の一つとして、水蒸気蒸留法をご紹介します。

　水蒸気蒸留法は、植物を水蒸気で蒸して精油を抽出する方法です。底に水を入れた蒸留釜（図4-2）に精油の原料になる植物を入れ、釜の底を熱し、水蒸気を発

図4-2　小型の水蒸気蒸留器

生させます。すると、植物中の香り物質が水蒸気の中に放出されます。香り物質を含んだ水蒸気が冷却管を通って冷やされると、液体に戻った香り物質を精油として採取することができます。

　厳密には精油とは呼べませんが、植物から香りを抽出する方法はほかにも圧搾法、有機溶剤抽出法、アンフルラージュ法、超臨界流体抽出法などがあります。これらの抽出方法は、私たち植物が持つ香り物質の特性に応じて使い分けられるのです。同じ植物の精油であっても、抽出方法の違いによって香りや性質が異なることが知られています。なお、柑橘類の果皮を圧搾して得られる香り物質濃縮物は、例外的に精油と呼ばれることも多いため、本章では精油として取り扱います。

5. アロマの人への作用経路

　アロマセラピーにおいて、人が香りを利用する方法は大きく分けて2種類です。1つ目は、精油を揮発させて鼻から吸い込み、香りを感じる方法です。アロマポットやディフューザーなどに精油を垂らして香りを楽しみます。2つ目は、希釈した精油を皮膚に塗ったり、精油を垂らしたお風呂に入ったりすることによって皮膚と精油が直接触れる方法です。この方法では、1つ目の方法のように香りが感じられるだけでなく、香り物質が皮膚に浸透することが考えられます。どちらの方法を用いるかによって、精油の影響が表れる主な経路が異なると考えられています。

　1つ目の経路では、揮発した香り物質は鼻から吸い込まれ、鼻の奥の嗅上皮にある嗅細胞と呼ばれる器官で電気信号に読み替えられます。電気信号となった香り物質の情報は、本能的な活動・情動・記憶の中枢である大脳辺縁系へと伝えられます。人がおいしい食べ物の香りを嗅ぐとお腹が空いたり、線香の香りを嗅ぐと祖父母が住んでいた家の記憶がよみがえってきたりするのは、香りが本能や記憶などを司っている大脳辺縁系に作用しているためと考えられています。また、香り物質の情報は、大脳辺縁系から視床下部、下垂体へと影響を及ぼし、それぞれ自律神経系や内分泌系に影響を及ぼします。

2つ目の経路では、香り物質は皮膚を透過して血管に到達し、血液中に取り込まれます。血液に取り込まれた香り物質は体の各器官に到達し、体の代謝系により活性の高い物質に変化するか、そのままの状態で作用します。1つ目の経路では香り物質の情報は電気信号となって脳に伝達されるのに対し、2つ目の経路では、香り物質やその代謝物自体が作用の主体となることが特徴です。

さらに最近では、鋤鼻器と呼ばれるフェロモンを感じ取る器官が、香りの受容に関わっているのではないかとの説もあります。しかし、人では退化した器官であり、詳しいことはまだわかっていません。

6. アロマの効果

それでは、科学的に明らかにされているアロマの効果を紹介します。

（1）ラベンダー

アロマセラピーを語る上で外せない植物として挙げられるのが、ラベンダーではないでしょうか。アロマセラピーという言葉を作ったフランスの化学者ルネ・モーリス・ガットフォセが、自身の火傷の治療にラベンダー精油を用いてその効果に驚いたというエピソードが残っているほど、ラベンダー精油とアロマセラピーは深いつながりがあります。

一言でラベンダーといっても、たくさんの種が存在します。例えば、フランスのプロヴァンスの山の標高が高い土地に自生する真正ラベンダー、反対に標高が低い土地に自生するスパイクラベンダー、その交雑種であるラバンジンなどが挙げられます。その中でもよくアロマセラピーで使用されるのは、真正ラベンダーとラバンジンです。ラベンダーの仲間という点では共通していますが、それらから抽出した精油は、人に与える効果もそれぞれ異なることがわかってきました。

ラベンダー精油の効果としてまず思い浮かべるのが、リラックス効果、つまり鎮静効果ではないでしょうか。真正ラベンダー精油は、人の生理・心理に鎮静的な効果を与えることが報告されています。例えば、睡眠の質が向上した

という報告があります。また、ラットの自律神経を対象とした実験では、食欲を増進させたり、それに伴い体重を増加させたりする効果があるという報告もなされています。一方で、ラバンジン精油では鎮静的な効果は見られないことが報告されています。よって、リラックス効果を期待してラバンジン精油を使用しても、期待した効果が得られない可能性があります。では、このような違いはなぜ起きるのでしょうか。真

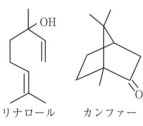

図4-3 ラベンダー精油に含まれる香り物質の化学構造式

正ラベンダー精油とラバンジン精油の成分を比較してみると、主成分はどちらも鎮静効果が報告されているリナロール（linalool）（図4-3左）であり、その含有率に大きな違いはみられません。しかし興奮効果が報告されているカンファー（camphor）（図4-3右）の含有量が、ラバンジン精油では真正ラベンダー精油と比較して高いことがわかっています。そのため、ラベンダー精油では、含まれている香り物質の種類だけでなく、その量的なバランスが重要だと考える研究者もいます。

（2）柑橘類

　柑橘系精油は、柑橘類の果皮から抽出されます。グレープフルーツやレモン、ベルガモット、スイートオレンジなど非常にたくさんの種類がありますが、どれも爽やかな香りが特徴です。また、柑橘類の果実は食品としてもよく利用され馴染みがあるためか、人による香りの好き嫌いがほとんどなく、アロマセラピーでもよく利用される精油の一つです。しかし、柑橘系精油には光毒性を呈する成分を含むものもあり、柑橘系精油を使用したあとは日光に当たらないなどの注意が必要となります。また、最近ではフロクマリンフリーなどといった光毒性がある成分を取り除いた精油もあるので、必要に応じてそのような精油を利用するとよいでしょう。それでは、さまざまな研究により報告されている柑橘系精油の効果を見ていきましょう。

　グレープフルーツ精油の香りを嗅ぐと、人に対して興奮的な効果があるこ

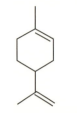

図4-4　リモネンの化学構造式

とが報告されています。また、ラットの自律神経を対象とした実験によってグレープフルーツの香りの効果を調査したところ、食欲を抑制し、体重を減少させるという結果が得られたそうです。このようなことがわかると、人間は一日中毎日でも香りを嗅いで、楽にダイエット効果を得ようとしますね。実際には、グレープフルーツ精油の体重減少効果は、続けて香りを嗅ぐと薄れてしまったと報告されています。また、ほとんどの柑橘系精油の主成分はリモネン（limonene）（図4-4）であり、比較的似た香り物質の組成をもっていますが、レモン精油やベルガモット精油の効果には鎮静的な傾向が見られたと報告されています。さらに、ラットやマウスを対象とした実験により、レモンやスイートオレンジなどの精油には、抗ストレス効果や抗うつ効果があることも報告されています。

（3）バラ精油

　バラは「香りの女王」といわれており、見た目の美しさはもちろん、その華やかな香りでも人間を古くから魅了し続けています。バラの栽培の起源をたどると、人は香りを利用するための目的でバラの栽培を始めたそうです。その花から抽出された精油はアロマセラピーにも利用されますが、バラ精油を抽出しようとしてもほとんど採れないため、非常に高価になっています。

　バラの香りの種類は大きく分けて、甘さと華やかさがある「ダマスク・クラシック」、情熱的で洗練された印象の「ダマスク・モダン」、上品で優雅な印象の「ティー」、ピーチやアップルのような香りの「フルーティー」、ダマスク・モダンやティーにレモンの香りが加わった「ブルー」、ダマスク・クラシックにクローブの香りが加わった「スパイシー」、アニスのような香りの「ミルラ」の7タイプに分類されています。

　「ダマスク・モダン」と「ティー」の中間に分類される'ウィッシング'というバラ品種の生花の香りが人の自律神経活動に与える影響を調べた研究で

は、鎮静的な効果があることが報告されています。またこの実験では、花が見える状態と見えない状態で調査していましたが、花が見える状態では、鎮静的な効果だけでなく抗ストレス効果も見られたそうです。このように、生花で香りを楽しむ場合には、花の見た目も効果に影響する可能性が示されています。

　精油というのは、同じ種類の植物であっても生育環境や収穫時期の違い、収穫後の処理の違いなどにより、香り物質が変動しやすいことが知られています。さらに、精油を利用する時間帯や香りの好き嫌いによっても効果が変わってくるという報告もあります。以上のことから、効果効能を期待して精油を利用するときには、必ずしもその効果が得られない可能性があることに注意が必要です。

　なお、アロマセラピーの世界は実践的な内容が先行しているテーマですので、科学的なエビデンスはそこまで蓄積されていないのが現状です。インターネットで調べるとさまざまな効果効能が出てきますが、科学的に明らかにされていることは少ないので、冷静な目で見ていくことが大切です。

7. おわりに

　ここまで述べてきたのは、アロマとは何か、何のために私たち植物がアロマを作り出しているのか、そのアロマが人にどのような影響を及ぼしているのかということでした。人には、私たち植物が何のためにアロマを作っているかという原点に立ち返り、アロマには怖い部分もあることを留意したうえで使ってほしいと思います。現に近年では、香りの害（香害）という言葉も現れており、香りによる害もあることが注目されるようになってきました。

　一方でアロマセラピーは、人が抱えている問題の解決に役立つ可能性を秘めています。人にとって毒にも薬にもなるアロマと長く付き合っていくためには、アロマの特性をきちんと理解することが重要です。そうすれば人は、私たちが作り出すアロマと良好な関係を築いていけるでしょう。

参考文献

青島均『香りの科学はどこまで解明されたか ― アロマテラピー・森林浴・嗜好飲料』フレグランスジャーナル社、2007 年

有村源一郎、矢崎一史、高林純示、川北篤『植物アロマサイエンスの最前線 植物はなぜ香りを発するのか』フレグランスジャーナル社、2014 年

岡村大悟、鮫島正浩、谷田貝光克「樹木の精油成分とその抗菌活性」『木材保存』28 (6)、2002 年、pp.224-235

櫻井和俊「香りの分析と香りの効果効能について」『日本食生活学会誌』21 (3)、2010 年、pp.179-184

Tomi, K., Kitao, M., Murakami, H., Matsumura, Y. and Hayashi, T. (2018) Classification of lavender essential oils: sedative effects of *Lavandula* oils. Journal of Essential Oil Research 30: 56-68

Tomi, K., Sakaguchi, E., Ueda, S., Matsumura, Y. and Hayashi, T. (2017) Physiological and Psychological Effects of Rose 'Wishing' Flowers and Their Hydrosols on the Human Autonomic Nervous System and Mood State. The Horticulture Journal. 86 (1): 105-112

永井克也「嗅覚刺激の自律神経と生理機能に与える影響」『日本味と匂学会誌』13 (2)、2006 年、pp.157-168

原千明、富研一、林孝洋「カンキツ精油の主成分 limonene とその他の微量成分がヒトの心理・生理に及ぼす影響」『日本味と匂学会誌』21 (3)、 2014 年、pp.441-444

松井健二、高林純示、東原和成『生きものたちをつなぐ「かおり」― エコロジカルボラタイルズ ―』フレグランスジャーナル社、2016 年

第4部
人と植物とのコミュニケーション

　仏教、茶道や華道といった日本古来の伝統文化に携わってこられた住職、茶人や華道家、音楽や書道といった芸術に携わってこられた演奏家や書道家、樹木の健康状態を診断しておられる樹木医、さらに学校教育に携わっておられる理科の教師——さまざまな時空間で植物と会話をしておられる方々に「人と植物とのコミュニケーション」を解説していただきました。

第1章
仏教を介した人と植物とのコミュニケーション

1. 仏教の歴史

　仏教は、日本に深く根づいた宗教であり、江戸時代に誕生した檀家制度が現代まで続いています。信仰心の有無にかかわらず、どこかのお寺に檀家として所属している日本人は多く、現在、日本にはコンビニエンスストアよりも多くの寺院が存在します。

　広く知られている通り、仏教教団の歴史は今から2,500年前にインドの小国の釈迦族の王子、ゴータマ・シッダルタが出家し、悟りを開いたことに始まります。

　その釈尊が亡くなった後、弟子が集まり師の説教をまとめ上げたものが、現在のお経であり、その数は8万4,000もあるともいわれますが、仏教で8万4,000と表現するときには無数にあるという意味です。釈尊が教えを説く際には対機説法といって、語る相手の状況に合わせて話をしたため、言葉だけ取れば、正反対の内容とも読み取れるものもあるなど、さまざまな説法が記録され、これがお経として残されました。

　釈尊滅後、仏教教団は分裂を繰り返し、日本に限らず世界各地に仏教のさまざまな宗派が誕生しました。この教団分裂のうち、最も象徴的なものが根本分裂といわれ、上座部仏教（小乗仏教）と大乗仏教とに分かれますが、これが釈尊滅後100年頃です。

　日本の仏教は、この大乗仏教であり北伝仏教とも呼ばれ、インドからシルク

ロードを通り中国に伝わり、そして日本に伝来しました。この伝播の中で仏教は、中国や周辺諸国の習俗や文化にも影響を受けています。北伝仏教（大乗仏教）に対して、南伝仏教とも呼ばれる上座部仏教（小乗仏教）は、スリランカやタイなどの東南アジアに伝わり、初期仏教の伝統を色濃く残しているといわれます。

　仏教は世界各地に伝播していくなかで、その地域の文化や宗教の影響で教えの内容が変化していったといっても過言ではないと思いますが、これは仏教の真の目的が仏教の教えを固定したまま伝え続けることではなく、「抜苦与楽」といわれるように、そこに生きる一人ひとりの人間の苦を抜き取り、楽を与える、つまり、いかにその生きる苦悩から救うかということを目的とした宗教であるからです。

　このため、地域の風俗や習慣、歴史と融け合い、タイにはタイの仏教、チベットにはチベットの仏教が生まれ、日本でも仏教が独自に深められ、現代に至っています。

　さて、日本に仏教が正式に伝わったのは西暦552年といわれています。この年、聖徳太子の祖父である欽明天皇に朝鮮の百済より仏像が贈られ、これが日本仏教の始まりとされます。当時は仏教の受け入れに賛成する崇仏派と反対する排仏派に分かれた争いがあり、崇仏派の代表格の蘇我氏は、仏教を大陸のグローバルな教えとして積極的に導入しようと主張しますが、他国の神である仏や教えを受け入れれば、日本の神々が怒って混乱が起きると排仏派の物部氏は主張し、論争が続きましたが、対立の末、排仏派を滅ぼした蘇我氏は、聖徳太子とも協力し、日本に仏教を広めました。

　日本に伝えられた仏教は、他の国々と同様に、日本の文化や歴史、習俗と融合し、特に神仏習合という言葉が示すように、日本古来の神道の考え方も取り入れ、独自の形態になりました。明治の廃仏毀釈で寺院と神社が明確に分かれましたが、江戸時代までは「神宮寺」といって神社と一体となった寺院もめずらしくありませんでした。長野県の戸隠神社も、江戸時代までは「顕光寺」いう名前の神宮寺でした。

　日本では八百万神といわれるように、山の神様、田んぼの神様、トイレの神

様（厠神）など、自然のすべてに神が宿っているという神道の考えと仏教の教えが融け合いました。仏教はもともと人だけを特別視せず、「一切衆生」といって一切の命あるものを平等に捉え、その救済を説きます。
「山川草木悉皆成仏」という教えがあり、人には「仏性」といって誰にでも仏に成るための素質が宿っていると説かれますが、この仏性は人だけに宿るものではなく、動物や植物など命あるものには平等にあるとされます。さらに日本では、神道の教えとも共鳴し、山や川といった生物以外にまで仏性が宿るという考えに至ったものと思われます。

仏教の経典の中には、釈尊が命を終えた際には、植物もその悲しみによって色を失って白色となったという記載があり、植物との交流も説かれていますが、これについては「3. 仏教と植物との関係」で触れさせていただきます。

2. 新発田と長徳寺の歴史

新潟県新発田市は越後平野の北部に位置する人口約10万人の城下町で、県庁所在地の新潟市より約30km北東にある地方都市です。この地域には先土器時代の遺跡が数カ所で発見されており、この時代から人々が住み続けていることが確認できます。

新発田という地名は、室町時代から戦国時代にこの地を支配した新発田氏によるものです。新発田氏は、上杉謙信の甥の上杉景勝に対して謀反を起こしますが、天正15（1587）年、関白・豊臣秀吉より討伐の大義名分を得た景勝に攻め滅ぼされ、その歴史に幕を閉じます。この後、慶長3（1598）年、溝口秀勝が加賀大聖寺より新発田へ移封され、新発田・溝口藩の歴史が始まります。

慶長8（1603）年、関ヶ原の戦いを経て、徳川家康が征夷大将軍に任じられると、この戦いで家康方についた溝口秀勝の石高は安堵され、外様大名ではあったものの幕藩体制の間は、一度の国替えも受けることなく、溝口家が12代目の溝口直正まで新発田の地を治めました。このため、歴史的な文献も多く残されています。度重なる火災で失われたものも多くありますが、城下町の風情を残す歴史的な建物も市内に点在しています。

新発田市には現在、百を超える寺院が存在しています。その中には、溝口家が加賀大聖寺より新発田に封入される際に、溝口家とともに新発田に移ってきた寺院もありますが、筆者が住職を務める長徳寺は、これとは異なり、関東から新発田に入ってきたと伝えられています。

長徳寺は天正 13（1585）年に創建された浄土真宗（真宗大谷派）の寺院です。開基の関根慶順は俗名を関根与左ェ門といい、細川政元の家臣であった人物で、本願寺第 8 世蓮如上人の弟子となり、寺院を建立しました。赤穂四十七士の一人、堀部安兵衛は新発田の生まれです。安兵衛の生家・中山家が長徳寺の門徒（檀家）であったことから、境内には四十七士の木像を安置する義士堂があり、安兵衛を顕彰する石碑も建てられています。平成 29（2017）年には、東京・高輪の泉岳寺の墓所から分骨を許され、堀部安兵衛の墓碑が建立されて大きな話題になりました。

また、赤穂四十七士によって「吉良邸討ち入り」が行われた 12 月 14 日には毎年、境内で義士祭が執り行われます。例年、義士堂の公開と詩吟・剣武などが披露される「安兵衛を偲ぶ会」、少年少女剣士による市中パレードなどが行われています。

このほか、長徳寺には明治天皇の北陸巡行（明治 11（1878）年）で、天皇陛下が新潟市で 3 泊された行在所が境内に移築され現存しています。この行在所は当時、越後を代表する新発田の豪農であり豪商でもあった白勢家の新潟別邸として、現在の新潟市中央区礎町にあったものです。

行在所とは天皇が行幸する際に設けられる仮の御所のことですが、この行在所にお泊まりになった明治天皇は、北陸巡幸の際の行在所の中で「最も素晴らしい建物である」と賞され、また「平民が、こんな立派な建物に住んでいて日本は大丈夫なのか」と心配されたとも伝えられており、当時はそれほど格式のある建物だったことが想像できます。

なお、北陸巡幸の随行には右大臣・岩倉具視以下、参議兼大蔵卿の大隈重信や井上馨など主だった人物だけでも 46 名、総勢では 800 名を数えたといいます。

白勢家別邸があった礎町へは、信濃川を渡らなければならなかったのですが、当時はまだ橋がなかったため、新調された船が準備され、明治天皇が乗船

された船を、白装束を纏った大勢の人夫が川に入り、綱で引っ張り進んだと記録されています。ちなみに、今は新潟市のシンボルともなっている萬代橋が信濃川に架けられたのは、これより8年後の明治19（1886）年でした。

　明治天皇は礎町の白勢家別邸に3泊された後、新発田に向かう前に白勢成熙氏に対して拝謁仰付を行い、白勢氏は氏名を言上したとあり、明治天皇が北陸巡幸で宿の主人に拝謁を許されたのはこのときが唯一であったそうです。

3. 仏教と植物との関係

　仏教の法要では、必ず花を供え、また仏典にも多くの植物が象徴的に登場します。特に釈尊の生涯で重要な場面には、必ずその傍らに植物が出てきます。まず、釈尊は、ネパールのルンビニーに誕生しますが、これは母親の摩耶夫人が里帰りして出産するための道中で立ち寄ったルンビニーの園で産気づき、釈尊はアショーカ樹の木の下で生まれたとされ、とても安産だったため、のちにアショーカ樹は無憂樹と呼ばれるようになったといわれています。

　また、29歳で出家をした釈尊は6年間の修行を経て悟りを得ますが、厳しい苦行で悟ったのではなく、菩提樹の木の下で静かに瞑想して悟りに達したとされます。そして釈尊が命を終える際には、沙羅双樹と呼ばれる沙羅の木が2本並んだその木の下で、枕を北にして息を引き取りました。亡くなった方を北枕で安置しますが、これはお釈迦様の入滅された姿を模してなされるものです。

　仏伝ではこのとき、弟子をはじめとしたたくさんの人間と動物が涙を流して悲しみ、この周辺の植物も悲しみのあまり、すべての草木がその色を失い、白色になったといわれています。このため、今でも葬儀にはこの故事にちなみ、シカバナ（「シカ」「四華」「死華」「紙花」とも表記されます）と呼ばれる紙で作った白い花を供えます（写真1-1）。この無憂樹、菩提樹、沙羅双樹を仏教の三聖樹と呼び、仏教徒は大切にしてきました。

　仏伝に限らず、仏事では必ず、植物が供えられますが、その代表格は〈仏華〉と呼ばれる花です。仏に花を供える仏華が、日本の華道の源流といわれています。日本で最も伝統のある華道の家元、池坊は、京都の六角堂という寺の住職

を務める家で、この六角堂に花を供えていたことが華道へと発展していきました。

ではなぜ、仏様に花を供えるのでしょうか。これには諸説ありますが、浄土真宗では、花は仏の慈悲の心を表すものともいわれます。仏説阿弥陀経には「青色青光、黄色黄光、赤色赤光」と、青い花は青い光を放ち、黄色い花は黄色い光を放つなど、それぞれの花はそれぞれの色を持って他をうらやむことなく、咲きほこりますが、たくさんの仏が、それぞれに私たちに慈悲の心を届けてくださっていることを植物の力を借りて表現していると書かれています。仏教に限らず、古くはネアンデルタール人が亡くなった人を埋葬する際に花を供えていたことがわかる化石が見つかっているそうですが、昔から人間は、植物の力を借りて神仏や故人とコミュニュケーションをとっていたのかもしれません。

写真 1-1　シカバナ

仏華以外にも、仏事では、植物が登場します。浄土真宗では用いませんが、お盆になると仏壇の前や脇に「盆棚」や「精霊棚」といわれる祭壇を作り、お盆に帰ってくるとされる先祖を迎えます。宗派や地域によって飾り方が異なるので一概にはいえませんが、一例を紹介すると、盆棚は仏壇正面に台を置いて真菰（まこも）で編んだゴザを敷き、ここに先祖を迎える場として篠竹の柱を四方に立てて、この柱に縄を張り結界を作ります。お供えの花として、キキョウ、ユリ、ホウズキを飾ります。

盆棚のお飾りにキュウリとナスに割り箸をさして、馬や牛に見立てているものをご覧になったことがあるでしょうか。これは、精霊馬、精霊牛（写真1-2）と呼ばれるもので、正式には割り箸ではなくオガラをさして作りますが、先祖が戻ってくるときと、また向こうの世界に帰るときに乗る

写真 1-2　精霊馬、精霊牛

乗り物です。これにも諸説ありますが、戻ってくる際は、早く来て欲しいので馬に乗ってもらい、帰りはゆっくりと牛で帰ってもらうということで、2種類の乗り物がお供えとして飾られます。

　このほかにも仏事には花や樒(しきみ)などの植物が必ず用いられます。お焼香のお香も、もともとは香木といって東南アジアの木などから作られるもので、仏教と植物は切り離せない深い関係にあります。

4. 長徳寺と「堀部安兵衛の手植えの松」

　前述した通り、筆者が住職を務める長徳寺は、赤穂四十七士の一人、堀部安兵衛の生家・中山家の菩提寺であり、境内には安兵衛の父親の墓碑、義士堂、安兵衛の石碑があります。また2017年には、堀部安兵衛の墓碑も建立されました。そして以前は、「堀部安兵衛手植えの松」と呼ばれるアカマツ（写真1-3）がありました。この松は、浪人であった堀部安兵衛（当時は中山安兵衛）が剣でその身を立てようと、元禄元（1688）年、19歳で江戸に旅立つ際、長徳寺の境内に石台松（現在の盆栽のようなもの）を植えて行ったといわれるもので、

写真1-3　堀部安兵衛手植えの松（初代）

約300年の間、境内の中心で大きく枝を伸ばしていた松でした。残念ながら老衰のため、平成9（1997）年に伐採されてしまいましたが、現在は、初代の松のマツボックリから育てられた二代目の松が、同じ場所で成長を続けています。

19歳で江戸に旅立つ際、安兵衛が石台松を境内に植えて旅立ったと伝えられていますが、まだ無名だった安兵衛が境内の中央に松を植えることを当時の住職が許すでしょうか。想像ですが、安兵衛は、長徳寺に眠る父の墓前で手を合わせ、父の形見の石台松を江戸には持って行けないため、寺に預けて行ったのではないかと思います。その後、安兵衛が有名になり、ついには郷土・新発田に戻って来られなくなったため、代わりに住職が境内に植えたのかもしれません。そうだとしても、新発田の地では300年もの間、忠義を尽くし本懐を遂げた堀部安兵衛を象徴する松が、安兵衛その人であるかのように大切に守られてきました。

現在でも、長徳寺を訪れる60歳代前後の檀家さんや近所の方々からは、幼い時に松の下で遊んだ話や松についての思い出が語り合われることが少なくありません。全国各地に「お手植えの〇〇」という樹木が存在し、今でも記念の植樹は行われます。これは、植えられた植物がその場に生き続けることで、ある意味ではお墓のように、その植物に関係した人物を象徴し、思い出させる重要なコミュニケーションの力があるからなのかもしれません。

5. 仏教における生者と死者、そして植物とのコミュニケーションについて

仏教は、すべての生き物の命は平等だと考える宗教です。釈尊の肉声に近い内容が記録されているという経典、スッタニパータ（法句経）にはこのような言葉があります。

　　すべての者は暴力におびえる。すべての生き物にとって生命は愛しい。己が身にひきくらべて、殺してはならぬ。殺さしめてはならぬ。

仏教には不殺生という戒律があり、人に限らず生き物の命を奪うことを禁じ

ています。「殺してはならぬ。殺さしめてならぬ」とあるように、自身が手を下すことも、他人に手を下させることも戒めています。現代社会では、自ら牛や豚を殺して食事を作ることはありませんが、ある意味では屠殺場で働く方々に「殺さしめて」もらった命を頂いていることになります。

　仏教の寺院で作られる精進料理では、肉や魚といった動物を食すことはありません。しかし、釈尊が必ずしも肉や魚を食べていなかったかといえば、そうではありませんでした。釈尊をはじめ、原始仏教教団の修行僧は、托鉢をして、その日の食料を得ていました。托鉢はその家で食され、余っているものを頂くことになっていたため、その家庭の前日の食事の余り物を頂くことになります。その家で肉を食べていたのであれば、肉を頂き、野菜を食べていたのであれば野菜を頂きます。ただし、仏教教団の信者が釈尊や修行僧を自宅に招いて食事を供する際には、動物を殺して食事を作ることがないようにと強く戒められました。

　スッタニパータと同時期の経典であるダンマパダに「すべての者は暴力におびえる。すべての生き物にとって生命は愛しい」とあるように、仏教は、一切衆生という人だけでなく、すべての生き物を救う教えです。例えば、大根が引き抜かれる時や切られる時に恐れやおびえを感じるのかどうかは、筆者にはわかりませんが、一般的にもその感情を理解することは難しいことです。つまり、釈尊はベジタリアンだったのではなく、自らの食のために動物が死におびえるようなことにはならないで欲しいと思われていたのでしょう。命を平等に捉える釈尊は、植物の命を軽視していたわけではなく、自らの命をつなぐために、ありがたく肉や野菜の命をい頂いておられたのだと筆者は考えています。

　日本では平成9（1997）年10月16日「臓器移植法」が施行されたことにより、脳死後の心臓、肺、肝臓、腎臓、膵臓、小腸などの提供が可能になりました。当時、脳死が人の死として定義されるのかどうか、論議が巻き起こり、マスコミでも大きく取り上げられました。さまざまな有識者が意見を述べるなかで、仏教の立場からの意見も求められていました。仏教にはジャータカという、主に釈尊の前世が語られている経典があります。前世での釈尊は、王様で

あったり、仙人であったり、商人だったり、動物だったりします。その多くは自らを犠牲にして他人を助けるストーリーです。ウサギは、飢えた旅人を救うために焚き火の中に飛び込み、自分の身体を施食として差し出しています。

　このような自身の肉体の一部（または全部）を他のために提供するというジャータカの物語が象徴する自己犠牲を伴った布施の精神から、仏教は臓器移植を推進する立場をとるべきであるという考えの宗派もあります。しかし脳死を人の死と認めることを容認しない仏教教団も多くあります。

　これは、もともと自我を認めず、無我の立場をとる仏教の死の捉え方は、ここからが〈死〉、ここまでが〈生〉と明確に分けられるものではなく、死を迎えるにあっては、意識が失われ、臓器も機能しなくなり、身体の機能が低下し、一つひとつの細胞が順番に死を迎え、身体のすべての熱が失われていく一連の流れが死であると考えるために、脳死を単純に人の死とはいえないのです。

　この世に生まれた命は、人であっても、動物であっても、植物であっても、必ず死を迎えます。その命は、この世界ではさまざまにお互いが相互に影響し合って成り立っています。親になり子どもを育てているはずが、子育てを終えてみると「子どもに育てられて親にしてもらった」と語る人がいます。また、庭木やガーデニングで植物を守り育てる行為が、育てている側の私たちに癒しと安らぎを与えてくれることも事実です。

　私たちのコミュニケーションの代表的な手段は言語ですが、言語だけでコミュニケーションかといえば、そうではありません。高橋優さんの『福笑い』という歌の歌詞には、「この世の共通言語は英語じゃなくて笑顔だと思う」という歌詞があります。赤ちゃんの笑顔には、すべての人を笑顔にするコミュニケーション力があります。同じように、大昔からその場所に根を張り、枝を伸ばす大木には私たちは畏敬の念を感じ、可愛らしく咲く道端の花には、私たちは安らぎを感じます。堀部安兵衛手植えの松が、長く大切に守られ、松が枯れた今でも、地元で松について語られる様子は、筆者には法事で先祖の思い出を語る人の姿と重なって見えます。

　人も動物もそして植物も、この世界に生まれた命として、人の理性を超えた大きな働き、自然の摂理の中で、私たちが気づいても気づかなくても、さまざ

まなコミュニケーションが常に行われているのではないでしょうか。

参考文献
中村元『ブッダの真理のことば・感興のことば』岩波書店、1991 年
中村元『ブッダのことば―スッタニパータ』岩波書店、1991 年
中村元『浄土三部経〈下〉観無量寿経・阿弥陀経』岩波書店、1991 年
小川一乗『仏教からの脳死・臓器移植批判』法蔵館、1995 年
大沼長栄「明治天皇北陸・東海御巡幸と新発田」『新発田郷土誌』第 42 号、新発田郷土研究会、2014 年

第2章
茶道を介した人と植物とのコミュニケーション

1. はじめに

「女の子は勉強しなくていいんだよ。しても笑い者になるだけなんだから」。特定の地域だけだったかもしれませんが、当時の女性観を痛いほど背中に受けて、筆者は高校・大学へと進み、小学校教師となって定年までまっしぐらに駆け抜けました。その間、女性の地位向上のために何をどうすればよいのかという問い掛けが、ずっと脳裏から離れませんでした。

還暦を迎え、退職が近づいた頃でした。退職後も培った能力や技能などを活かして地域に奉仕する傍ら、運動や趣味を通して、余生を明るく生きがいを持って生き抜いてほしいという、教育委員会のご指導もあって、扉を叩いたのが裏千家茶道教室でした。「いまさら」という想いもありましたが、むしろ人生これからだと開き直りました。伝統文化、特に茶道や日舞などは、その継承に危機感を深めている分野ではないでしょうか。もし筆者がこの先、学習を積んで1つでも2つでも学んだことを、地域の子どもたちに分け与えることができたら、伝統文化継承の一端をお手伝いすることになり、これまで務めさせていただいたご恩返しにもなるのではないでしょうか。さらに、女性でも努力すれば立派に社会のお役に立てるはずです。何が何でもその方向で頑張ってみたいと、教室に通わせていただきました。

幸いにして、現在の町内のご協力・ご支援を得て、文化庁奨励の「親子茶道教室」を開催して3年目を迎えております。

本章では、日本の代表的な伝統文化である「茶道」における、茶葉を媒介とした「亭主と客人」との空間に醸成される無言の心的コミュニケーションについて、茶道の歴史や極意を通して考えてみたいと思います。

写真2-1　茶道親子教室

2. 茶道の歴史

(1) 茶の湯の成立まで

遡れば、茶の歴史は奈良・平安時代に始まるようです。804～805（延暦23～24）年には遣唐使が派遣され、「最澄、唐より茶実を招来し、近江坂本の日吉社に植える（日吉茶園）」とありました。唐よりもたらされた茶実は栽培され、煎茶として天皇はじめ高貴な方々に喫されていたようです。

しかし、中国の風習として流行した喫茶は、自然に廃れて、平安時代中期以降、茶の栽培および喫茶は、長い間中絶し、1191（建久2）年鎌倉初期、栄西は2度目の宋よりの帰朝の際、禅と共に紹介してから定着をみたということでありました。禅院内の生活は厳格ではありましたが、時には「〇〇のための茶会」として、さまざまな機会に茶を喫し合っていたということです。それは、人と人を繋ぎ親睦を深める潤滑油となって効果を発揮したとあり、禅院における喫茶の盛行が窺えます。栄西の茶は書院の茶に発展する一方、博打性の高い

婆娑羅の茶ともなり、時代が進むとともに多くの人を魅了するようになっていきました。

応仁の乱以降、荒廃する京都を避けて、多くの文化人や宗教家は堺に集まってきました。堺の町人たちはこうしてやってくる人々を丁重に迎え、文化への渇望を癒したといわれています。したがって、戦国期において堺の町が最も豊かな都市に発展し、揺籃期の茶の湯を育て上げたのは堺であるといっても過言ではありません。しかし、茶以上に茶具に重きをおく愛好者が増え、名物に主眼をおく道具茶が先行していったことは外すことができないでしょう。

(2)「茶禅一味」の確立

やがて道具茶の世界に、茶そのものの味わいを賞味する新しい風が吹き始めました。1564（永禄7）年に『分類草人木』が成立しており、それには、「墨跡当世ヲシナヘテ用之、古人ノ心ハ禅者用之… 禅法ヲ得心シテ万事ヲ放下シテ、執心ヲ裁断スル言句ヲ感シテ、我心モ安閑ナラシメントテ心中ニ納メテコソ、墨蹟ヲ掛テ面白ケレ、…」とあり、ある時期、茶禅一味の観が流通し、茶席での墨蹟使用の表面的なもてはやしも、反省されたときがありました。現存する茶会記開始は1530年代といわれます。したがって30年以上の時間の中で、茶人が道具茶から内省し自ら深化の道を模索したことになります。

その禅への傾向が確実であった茶人として、筆頭に武野紹鴎が挙げられます。紹鴎は1533（天文2）年以降は堺にあって茶湯の工夫に努められました。後、禅林文学僧に持てはやされた「詩禅一味」からの発想と思われる茶味と禅味の一致を謳いあげられ、堺の茶人随一に輝きました。ここに武野紹鴎によって「茶禅一味」の確立をみたといわれる所以がありましょう。

(3) 利休の出現

1522～1591（大永2～天正19）年を生きた千利休は、武野紹鴎より20歳年下であります。大林宗套の弟子の笑嶺宗訢に、さらに北野道陣らに師事し、当時14歳、1535（天文4）年には与四郎を称し、茶の湯の工夫に努めたといわれています。15歳で、宗易の法名を大林宗套より授かっています。折から

政権を樹立していた織田信長に津田宗及と共に召され、先輩の今井宗久と並んで茶堂に任じられました。1580（天正8）年、次男の少庵には大徳寺門前に邸宅を構えさせ、大徳寺に寄り添い「茶の湯は禅宗なり」と主張させ「茶禅一味」を宣揚させたといわれます。

　1582（天正10）年本能寺の変で信長が横死すると、秀吉はその後、三宗匠をはじめ、堺衆8名を茶堂として常勤させました。中でも宗易（後の千利休）の茶の湯を好まれました。宗易の老成の達識が秀吉に認められ、1584（天正12）年頃には政務に深く参ずるに至っています。

　翌年、秀吉は関白に任じられますと、近畿地方平定を祝賀する大茶会を、次いで関白拝お礼の禁中茶会を行いました。ここで宗易は居士号を勅賜され、利休居士と称えられました。これより宗易は利休宗易と称し、天下一の宗匠の栄誉を得たことになります。

　1587（天正15）年に聚楽第が完成すると、利休一人が秀吉の側近に残り、身辺の波紋を乗り越え、いっそう大徳寺に寄り添って、秀吉の信任を厚くしていきました。しかし、1591（天正19）年、豊臣秀長の病死、そしてその矢先、利休に不吉な噂が流れます。利休は堺に下向蟄居を命ぜられましたが、旬日にして呼び戻されて死を賜り、葭屋町の自宅に検使を迎え自刃しました。

（4）茶聖利休観の萌し

　利休は茶の湯を大成しました。茶の湯といえば「利休の湯」に帰一し、利休によって茶の湯は統一されました。利休は「手数少なく手前軽く」の作法を案出、掛け物として墨蹟第一を主張し、「茶禅一味」の詫び茶、いわゆる「真・行・草」の茶の湯の体系化を成立させました。

　その後、「利休茶の湯」は永遠の命を得、「茶道」の称を付されて現在に息づいているのです。利休への敬慕はますます強まり、宗旦の晩年には茶聖利休観が萌していたということでありました。

3. 茶道の極意

（1） 茶道における主客の関係

　茶道の教えは、古来「茶の湯とは心に伝え、目に伝え、耳に伝えて一筆もなし」と師から弟子へ受け継がれてきたものですが、今日は、茶道を学ぶ階層の広がりや増加によって、活字を通したり、映像技術を駆使したりして教えられています。しかしここで留意しなければならないことは、「心に伝え」という原点を忘れてはならないことです。もとより手前の順序を体得することは大切なことですが、それだけに留まらず、人としての歩むべき道を教え教わり、さまざまな教養・知識を身につけることが大変重要なことであります。
　稽古を通して人間性を高め合う、その過程において、亭主は亭主の風格を得、おもてなしに徹し、客は衷心より感謝の念を抱く、そこには良い関係を生み出す気運が醸成されていき、この上ない茶会となるのではないでしょうか。不易なもののあることを「心に伝え」と利休は教えています。その不動なる部分を大切に思う心を失わない限り、主客の良い関係は長く続くことでしょう。

（2） 自ら生まれ育つコミュニケーション

　茶道は単なるお茶を飲む遊びとは違い、高い道徳性を持つ文化体系であることは、誰もが認めるところであります。日本人が元々持っている自然観と一致するのでしょうか、茶道を通して自然を大切にする心が芽生え、季節の移り変わりをも敏感に捉え、生活の中に調和させていく能力も育ちます。自然から恵みを受け、自然と共存することをもっとも大切にしているのが茶道です。その心をもって日々のお稽古に励むなか、客同士または亭主と客とのふれあいをはじめ、茶葉や茶道具などを媒介にして、陶工や金工・漆芸人・建築家・造園師・和菓子職人・書家さらには衣装製作者・販売者に至るまで、茶道に関わる人々とのコミュニケーションは自ずから生まれ、個人と集団、自分と他人との協同的事業が展開されていくのではないでしょうか。そうしたプロセスの中に技術の向上や方法の習得のみならず、心の修養も重視される伝統があると思い

ます。

　茶禅一味という言葉によって、仏教の影響を強く受けている茶道、特に利休の和敬清寂の四規、茶道精神を要約したといわれる七則等の侘びさびは、日本文化の宝物として現在も世界に存在感を放っています。

（3）薬用品から嗜好品となる茶葉

　古代、天暦5（951）年、京の街に疫病が流行し、六波羅密寺の空也上人は時の村上天皇から「悪病退散のため祈祷せよ」とのお達しを受けます。上人は日夜懸命に祈祷しましたがその効がなく、疫病はますます拡大していきました。そこで上人は十一面観音像を安置した台車に茶を積み、京の街を引き回して街角に立ち祈祷するとともに、人々に薬用として梅干しを添えたお茶を施しました。するとさすがの悪疫も次第に小康状態に向かったという、逸話が残っております。今でこそ茶葉に含まれる高濃度カテキンの摂取による効果、すなわち有酸素性運動中のエネルギー代謝によいことや、抗酸化作用・殺菌作用・抗ガン作用・高血圧低下作用・血糖値上昇抑制作用があるなど、多くの薬理活性のあることが知られていますが、当時は感覚的に物事を捉えるしかなかったのでしょう。それでも徐々に化学的分析も進み、中世1214（建保2）年には、前述の遣唐使、臨済寺の開祖でもある栄西禅師が、将軍源実朝に茶の『喫茶養生記』を献上しています。

　お茶は晩秋に花を咲かせ、年をまたいで（休眠期間を経て）翌年の初夏に実をつけます。つまり夏場に中国を出発して帰国する遣唐使、栄西たちでなければ、茶実を持ち帰ることはできなかったことになります。栄西は、本格的な抹茶の蒸し製法や心に安らぎを与える喫茶の効用を書で知らせています。その効用の一つに、茶葉は二日酔いを治す薬として知らせると、盛んに飲まれるようになっていったとあります。

　また、茶の湯の世界では栄西以降を「抹茶法」が始まった時代として捉え、固形の餅茶だったのが、茶葉を焙る（散茶）製法に変わり、さらに碾き方への研究が進み、より細かい粉末をつくるために茶臼が登場するなど、蒸し製法の碾茶は飛躍していきます。同時に、抹茶を効果的に撹拌するために茶筅という

道具が生まれたのもこの時期であります。このように茶葉が薬用として、また嗜好品として普及する過程において、銘茶産地の紹介などについて著した『異制庭訓往来』が虎関師錬によって出され、大和、伊賀、伊勢、駿河、武蔵から関東にまで生産が及んだと推測されています。茶葉の生産が盛んになっていったということは、茶葉の薬効のみならず、暮らしに潤いをもたらす嗜好品としての需要も大きく、庶民の食文化に深く組み込まれていった証かと思われます。

茶の湯においては、村田珠光・武野紹鴎・千利休らによって、新しい茶礼としての茶道が生まれ「侘び茶」として大成しています。戦国武将の間にも流行し、茶室・茶器なども含めて今日の茶道の完成へと至っています。

筆者が現在使用している抹茶は、京都市宇治市の丸久小山園から取り寄せられたもので、静岡の小山園老舗で購入しています。こちらのお店は丸久小山園とは無関係ですが、名称が同じというよしみで、抹茶のみ取り引きさせていただいているそうです。上等品になればなるほど鮮やかな緑と上品な香りにまろやかさが加わり、その味は格別です。丸久小山園の歴史は古く、元禄時代から300年以上続いており、茶葉の生産から製品・販売まで一手に請け負っておられるとお聞きしました。静岡県は煎茶の生産は進んでいますが、抹茶の生産量は非常に少ないため、製法に歴史を持つ京都の抹茶を取り寄せているとのことでした。お話を伺い、お稽古に、また多くの茶会に、日本最高の味、茶葉の命を賞味させて頂いていること、また賞味できる環境に生かさせていただいていることなどを知り、これまで以上に伝統文化の保存・伝承に心していかなければと思うことしきりです。

(4) 和 み
1) 着物と茶道

紋付羽織袴が男性全般の礼服となったのは明治からであり、茶席や宴会などには和服で出席していました。しかし茶席では袴を着け、塵除けとされていた羽織は着けない定めとなっていました。

1889(明治21)年、京都府立高等女学校では「点茶」の科を設け、欧化していった反動と復古の精神で和服と袴の制服が与えられました。日清・日露戦

争下にあっては、質素倹約が心掛けられていましたが、明治中期の機械や化学染料の導入によって、木綿主流が一転し、令夫人は裾模様紋付、令嬢は紋付振袖が礼装となり、華やかになっていったことを嘆かれた茶人がおりました。

昭和になって相次ぐ戦争によりすべてを失いましたが、昭和30年代には生活が安定し茶会事業も甦ってきますと、大寄せ・小寄せ、小間と大広間、その主旨にあわせた茶席の着物が指南されるようになりました。若い頃に手に入れた着物を、羽織に帯に長襦袢にと、繰り回して楽しむ年配の方からは、昔の人の知恵と愛情が偲ばれます。そして、一枚の布をこうして命ある限りいとおしむ心を学ぶことができます。茶道と着物の関わりを知って袖に手を通したときは、底深い安らぎの中に身を置く不思議な感情に包まれます。

2）陶器と茶道

日本のやきものの窯場の経済事情から200年から300年の間、高級器を生み出すゆとりを持ち得なかったといわれています。

古典陶器の復興は20世紀に入ってからのことで、鑑賞者・研究者・創作者の3者がまさに三位一体になって活動していく環境が整えられたことにあります。近代日本の経済発展の勢いで、茶道具の蒐集に乗り出す数寄者をはじめ、名器研究をする若き創作者が続々と現れ始めたのです。彼らの作品のほとんど

写真2-2　筆者（左端）が正客を務めた正午の茶事（稽古）

第2章 茶道を介した人と植物とのコミュニケーション　169

写真2-3　春の野点風景

が、茶の湯の名器となっています。庶民はそんな名器になかなか触れることはできませんが、今、目の前にあるごく普通の茶器であっても、その茶器の生まれてくるプロセスや携わった人々の汗と涙を想像することによって、また、手にしたときの「ええなあ」という感触から、安堵感・満足感・至福感などがここにも生まれるのではないでしょうか。

3）茶　事

　茶会にはテーマがあります。亭主は、そのテーマに適った心持ちに客を静かに誘っていきます。しかも無言の「心入れ」で、イメージを客の心中に構築するという大切な仕事をごく自然に、さりげなく進めていきます。それこそ非言語的コミュニケーションの最たるものといっても過言ではありません。例えば蹲踞(つくばい)に水を入れようとする亭主の所作と水音が聞こえますと、客は踏み石を渡り蹲踞の水を使って手と口を清める清らかさのイメージを心に抱きます。また、躙(にじ)り口(ぐち)をくぐる時、一瞬、茶室の暗さに違和感を覚えますが、暗さに慣れるとすぐさま親近感に変わります。しかし、それ以上に不思議な沈静が心に広がって、少し緊張した趣で自席に着きます。

　亭主は襖越しに客の衣擦れを聞いています。客の表情などを推し量って、気配を読み取っています。正客(しょうきゃく)も亭主の呼吸を感じています。主客が互いの

力量を識る静かなひとときは、茶の湯ならではの奥義とでもいいましょうか。ここには無言のコミュニケーションが存在します。まさにこの無言のコミュニケーションが、相互に想いを馳せ合う和敬清寂を根底に、五感による認知・認識をもって、一座の味わいを良いものにしていかなければならないと教えてくださっています。

　茶事・茶会の中で亭主と正客の会話では、茶葉については「茶銘・お詰め」ぐらいしか耳にしたことはありませんが、天候不順の昨今では、その善し悪しも双方の心に秘められながら事が運ばれているのだと考えられます。

　こうした一座建立の繰り返しの中に、喫する物、食する物に応じた器や場所、清寂を選ぶのは、人間の既知の営みであり、茶事の究極の姿であるという先達の教えを思い出します。茶道の極意といえばこの辺りにあるのでしょうか。一碗の濃茶を喫するために、亭主は茶事という空間を整えます。露地、茶室の風情、床荘り、炭手前、懐石、中立ちなどの周辺要素も一期一会に向けて調和されるのであります。

　こうしたもろもろの媒介、特に茶葉の命を頂いて、人は和み交わり、心を伝え合うのです。そして、「道」の目指す耐性や感性をはじめ、協調性・道徳性、ひいては世界観・人生観を育み、心身共に健全である人間を形成していくものであると信じてやみません。

4. おわりに

　筆者にとって、茶の極意の境地に立つのは至難の業であり、まだまだ長い道のりと思いますが、これからも動ける限り日本の伝統文化の素晴らしさを後世に伝えつつ、茶の湯の教えに精進したいと思っております。執筆にあたり、たくさんのことを学ばせていただきました。このご縁に心から感謝申し上げます。

参考図書

『新版 茶道大辞典』全2巻　淡交社、2010年
月刊茶道誌『淡交』淡交社
『茶の湯 この百年』淡交社、2001年
『近代禅僧と茶の湯』淡交社、2002年
『月刊タイムス』裏千家総本部
月刊誌『なごみ』淡交社

ご協力を頂いた店舗　京都丸久小山園、静岡パルシェ小山園

第3章
華道を介した人と植物とのコミュニケーション

1. 日本人にとっての「花」

　日本には、華道という花の世界があります。日本人は古来より植物を通じて、生活に彩りを取り入れてきました。日本だけではなく、西欧をはじめアジアやアフリカに至るまで世界中で、花は人間同士のコミュニケーションツールの一つとして、文化のしつらえに関与してきたといえます。例えば、花を人に贈る習慣があります。また、国際会議など文化の異なるモノ同士の間に、必ず花が置かれます。冠婚葬祭でも古今東西、花が一役を担います。国家を超え、宗教・民族・性別を超え、老若男女だれもが美しいと自然に感じるモノの一つ

写真 3-1　いけばなの指導風景

が花なのです。この共通する花への憧憬により、異質なモノ同士を出会わせ調和させるための道具としても、私たちは花を活用してきたのです。

　ある時には、贈り物として、またある時には外交の手段として、そして、命の復活を願うための供養として、花は万能のチカラを発揮します。しかしながら、日本人の花との関わり方は世界の中でもあまりに蜜月で、異例です。現在では、西洋のフラワーアレンジメントなども人気を博してはいますが、「華道」の世界には、根本的に異なる花に向かう姿勢があります。

　それは、西洋においては、植物はマテリアル（材料）という発想で人間の心を癒してくれるツールに留まるのに対し、日本で生まれた華道の哲学は、花をマテリアルでなく、我々と同等の「いのち」とみる哲学を有している点です。一人の人間の命も、一輪の名もなき植物の命も、「いのち」としては同等の価値があると考えられているのです。

　つまり、それは、単なる花でない「お花」という価値観なのです。そして、生活に植物のチカラをたおやかに取り入れ、命の意匠として、植物のデザインが生活の中に多大に溶け込んできました。

2.「いけばな」の誕生

　古来、仏教が伝来するまでの日本では、花を飾る文化はまだありませんでした。ただし、日本各地で行われる祭りでは、植物を用いた「まほろば」（神様が降臨するアンテナと信じられていました）を立てたりして、古くから植物を神事に用いてきました。仏教伝来後の仏様へ供える花の室礼の必要性から、左右対称の「御供花」が誕生し、これが日本のいけばなの発祥ともいわれています。

　奈良時代の万葉集では、当時大陸から入ってきた外来種の梅の花の歌が旺盛で、桜の和歌は数首しかありません。仏教伝来でさまざまな文化が入ってきた中で、花では特に梅が好まれたようです。梅の花は大寒の最中、雪中でも、芳しい香りを漂わせ真っ先に春を告げます。生きることに困難な厳しい状況などがあっても、梅の花はそんな忍辱の中で花を咲かせる「おめでたきもの」として、日本人の琴線に触れたのでしょう。

しかしながら、『古今集』『新古今集』の平安時代の公家の時代になると、梅の歌は消え、桜の歌が隆盛します。京都を中心とした雅な時代になると、宮中を中心に、華やかに咲き誇る桜に酔いしれる風土が完成したのでしょう。咲き始めの兆しから、二分咲き、三分咲き、五分咲き、盛りの満開、散り始め、桜吹雪、名残りと、どこをとっても美に余念のない桜の様相に、自分たちの人生を投影したとみえます。ただ、この時代では、滅びの美より盛りの花の命のチカラに憧れる人間の姿が垣間見えます。『枕草子』には、桜の大枝を大きな甕に挿し入れて、寝殿内で花を愛でる描写が登場します。人間と植物との関わりが、生活の中での彩りに貢献していることは如実です。

写真3-2　お寺への献花作品

ところが、公家から武家の時代に入り、雅な花の文化も衰退していきます。愛でる余裕がなくなると同時に、生きるか死ぬかの渦中にある武士にとっては、咲き誇るめでたき花の様相にもまして、咲き誇りつつ潔く散る「桜」の価値が再認識され始めたのです。

室町の足利将軍の時代には、華やかな平安時代の復古が文化でも再構築されますが、その後の東山文化では、雅な花の様相（絢爛豪華、百花繚乱）だけでない感覚も研ぎ澄まされていきました。建築様式の変化から、床の間を持つ「書院造り」という様式が創造されるに至り、床の間を装飾するための武家の

室礼が登場するに至ります。床の間は、文字のチカラ（掛け軸）を整えたなかで、命のチカラ（花）と光のチカラ（燭台）と、香りのチカラ（香炉）の3つを設える空間に研ぎ澄まされていきます。そんな中でただ単に、花を花瓶に挿し入れておくだけでは満足しない気質が花の形式を整えていき、花の名手たちが登場します。

当初は、花の様相を整えるための意匠としての形式が優先されましたが、同時に花はいのちであり、適当に処理すると早々にしなびて枯れてしまう儚（はかな）い様相をも抱えていることから、それぞれの花が「いかにすれば、生き生きと長持ちし、自然界にある実線から人間が美しいと感じる究極線に加工できるのか」などの実験を繰り返したに違いありません。そんな中から、命としての花を用いて、活かし生かす花としての「いのちの彫刻」が象徴的に登場してきます。それは、華道の古典的いけ方の花型として、また花の様相を見極める見立ての知識として、今日でも新鮮な驚きとして残っています。

ただ、あくまでも室町から戦国時代の花は、特別な世界における室礼としての「華道」であり、多くの庶民が携われる文化ではありませんでした。あくまでも単なる花でなく、特権階級の「御花」としての文化構築の域を超えることはなかったのです。

戦国時代の武士のたしなみとしても「華道」は隆盛しました。敵とはいえ、人命を殺生せねばならない（もしかしたら自分が殺生されるかもしれない）戦（いくさ）に出陣する際の精神統一として、花を切って再構築する出陣花をいけたともいわれているのです。この時代に「花」と「華」のそれぞれの価値が見え始めてきます。花とは、咲く花そのものをさし、「華」は花のような様相美すなわち気配を有しているモノや人を示すようになるのです。まさに当時は、花好きの名武将が花の命に自分たちの命を投影させる文化を構築したといえます。

同時期に発生した茶道にも、茶花という文化がありますが、特に「いのち」として極致の花の文化体系を構築したのは、千利休です。利休の世界は、一輪をさり気なく何気ない竹筒に入れることで見える「いのちとの対峙」の空間を演出したものでした。これは、当時はかなりの前衛的なアプローチであったと思われます。平安時代に始まる絢爛豪華、百花繚乱な植物全体を俯瞰してみる

鳥の眼で感じるような植物との距離感でなく、一輪をしっかりと虫の目になり洞察することで見えてくる「いのちの煌めきと滅びの美」を、粗野なありふれた空間で、唯一のいのちとして感じてもらう室礼を完成させたのです。

　以前、茶室の躙り口（にじりぐち）から狭く暗い空間に入ったとき、下げた頭を持ち上げると、槿（むくげ）が一輪いけてありました。茶室は派手さもなく侘びさびの様相で整えられている分、その一輪の槿の白い花がその空間を締める一本の扇の要として機能していると感じた経験があります。一輪のいのちが寂れた空間に配されることで、この空間が呼吸してくるのです。花一輪のいのちのチカラを使ったもてなしを感じた記憶。この茶花の世界は、華道の究極の奥義に通じます。気配としての「華」を最小限の「花」のチカラで再構築しているのです。戦国の世では、特殊階級の立派な「立て花」の文化と、このような茶の世界で生まれた「茶花」としての花の室礼が同時に起こっていることが、何とも興味深いといえます。

　その後、戦国の世が終わると、戦のない、平穏な日常と、商業が盛んになることで、花が特殊階級の男性文化でなく、一般庶民、特に女性が嗜（たしな）むようになっていきます。この時代には、その時代感覚に合わせたさまざまないけばなの形式が生まれ、たくさんの流派が誕生することになります。戦国の立て花のような堅苦しさのない、自由な発想で花を入れる「投入れ」が隆盛を帯びてきます。いよいよ一般庶民の生活に、花が登場してくる時代の到来です。

　同時にまた、徳川将軍は、無類の花好きであったといわれています。参勤交代を活用して各地方に咲く珍しい植物を献上させ、江戸城内に「御花畠」という場所を設け、園芸品種改良などをして、植物を学術的にも愛でました。また、喧嘩っ早い江戸っ子の気持ちをコントロールするために、御城下に花の名所をたくさん作り、町民の心を癒すための治安維持戦略として花を活用したともいわれています。花のチカラを知っての見事な戦略であります。

　その後、江戸から明治に至るなか、西洋の花の文化（アレンジメント）も導入され、新たな形式を持つ流派も生まれてきました。開国以降、海外からの圧力が強くなり、また戦国の時代と同じように男子の花文化は消滅の傾向になりましたが、良妻賢母型教育の一環として、習い事としての「いけばな文化」が

女性の心を鷲掴みにした時代に突入します。その名残が今に至って、「花は女性の文化」的な錯覚が、多くの現代人の花のイメージとして定着しているのです。

3. 植物が教えてくれること

　ここまで、簡単に植物（花）と日本人の関わりを時系列で追ってみましたが、「華道」の哲学や在り方も未来に向かい変わっていく時代であると感じています。むしろ、変わっていくというより、変わらざるを得ない時代環境に突入したと感じています。伝統的な華道の世界に残っている花に対しての考え方や、花と関わることで見えてくる花が教えてくれることなどの花哲学は、進化の渦中にあると感じています。

　ここで、華道の哲学すなわち我々の人生に必要な学びを提供する「いのちの真相」を、花を通じて考えてみたいと思います。

　私たちは、植物が成長し、花を咲かせ、実を結ぶために必要な環境を問われると、太陽の光、水、空気、土、栄養等の条件は何となく思いつきます。中には、愛情といった返答もあったりします。植物は、愛情や思いを込めて育てたりいけたりすると、確かに成長や花の咲き方に影響することは知られていることです。筆者も、大型のいけばな作品をいけるときは、一本一本の花木に、「見事に咲けよ！」と祈念します。植物に想いをかけると、見事に叶えてくれるものです。

　ただし思いだけではだめで、切り花には、水揚げ法や切り方などの知識や技術を前提にした「愛情」がなければなりません。いけあげた後は、連日、朝晩の手当てと手入れは欠かせません。

　しかし、植物が成長し花を咲かせ、見事な実を結ぶためには、上記の環境や現象だけでは充実しないのが植物界の真相であります。何気なく当たり前のものではありますが、私たちがついつい見逃してしまう、花が咲くための大切な現象……それは、「闇」なのです。

　この宇宙の摂理の中での夜という闇は、花が咲くための必須条件なのです。すなわち、花の世界が教えてくれる命の実相は、人も光に向かい生きること、

写真 3-3　作品制作風景

光だけでは咲けない花のように、漆黒の闇も人生に花を咲かせるためには絶対に必要なものなのです。私たちの生活に必要な夜という時間は、休息の時間、そして心の問題に至れば、心地よい心理現象だけでない、深い悩みという「闇」も、自分の人生の花を咲かせ実を結ぶためには絶対に必要であるということを、花は無言で私たちに語りかけてきます。定期的な花の稽古は、この真相に触れ、心を浄化することを第一の目的とします。

4. 花の道は人の道

いけばなの世界における「花」はモノではなく「いのち」なのです。だからこそ切られた命を人の手腕と発想で、自然界にある以上に美に昇華すること、これも華道の奥義と信じています。そのためには、それぞれの花の特性を知ることから始めなければなりません。西洋のマテリアルとしての花の文化は、命としての価値観が主軸でないぶん、花の命という観点に対しての手法は多くありません。しかし、華道においては、一日でも切り花が長持ちし、生き生きと咲き、そして終えるまでの世話をすることを前提としています。だから、花は必ず水の中で切るといった「水切り法」を実践するのです。

ただし、鋏(はさみ)で水切りしただけでは、水を揚げない植物もあります。沸騰した熱湯に茎口を5秒間ほど浸けて、その後冷水に浸けると見事に水揚げする「薔薇」のような花もあります。茎を火であぶると水揚げが良くなるものもあります。鋏で切るより鋭利なナイフで水切りすることで、生き生きと花を維持する「蘭」のような花もあるのです。そのほかにも、アルコールに浸すことで切り口の表面を殺菌し花持ちを良くする花、塩を切り口に擦り込むとよい植物、酢酸やハッカ油、焼きミョウバンなどの、他力で生き生きと咲く花もあ

ります。このような花との関わりは、今では日本の華道の世界にしか残っていません。

そして、花の性質や対処法を知り実践することで学ぶ道は、「人の道」なのです。花と同じように、人間もいろいろいます。花でいう通常の水揚げ法のような王道の手法では、萎えたり腐ったりする人間もいます。いろいろな刺激を与え、工夫を凝らした花における先人の知恵が、現代の混沌とした人間関係に光をもたらしてくれるのではないかと思うのです。人間社会でも、「自分はどんな花だろうか？ 周りの人はどんな花なのだろうか？」と問い、その人が生き生きと咲ける手法で付き合うことを学ぶ道も、華道の醍醐味と信じています。そして、筆者が「花は人なり、人は花なり」と提言するのは、こういった経緯なのです。

写真3-4　大型作品の大きさ

また一方で、原っぱに咲く植物を切ることを「かわいそう」と言って嫌う人がいます。しかし、私たちが生まれたときに決断のハサミを入れられたように、切ることで初めて、花の命の状況と環境は変わります。花も大地から切られ、新たな環境でさらなる美に昇華できる機会を得たわけです。切られたら数日の命だからこそ、「生きることは死に向かうこと」という実相さえも、切り花の世界は無言で私たちに伝えてくれるのです。私たちは普段何気なく暮らし、明日にも命が消滅するなどとは思わないで生きています。けれども、命というのは儚く頼りないものだからこそ、生き生きと自身の華を咲かせるために、日々手当てをし、人生が投げかけてくる闇すら必須とポジティブに捉え、その命に丁寧に向かい合う生き方を、花をいけることで学び感じ取ることが、「華道」なのです。「花の道は人の道、人の道は天の道」と筆者が説く所以はそこにあります。

5. 華のもつ哲学

　さらに、華道の世界での究極哲学は「万物調和」です。人智を超えて神様が創造したであろう花は、様相としてすでに完成しています。けれども、出会うはずのない花同士、あるいは花と異質な素材（例えば、紙や鉱物、ビニールなど）が出会い、新たな縁によって、新たな美を紡ぎだす可能性を探る道も華道なのです。

　お互いを生かしも殺しもするリスクの高い出会いでもありますが、もしもそこに華があると感ずるならば、物おじせずに出会わせたい――順調な出会いでない衝撃のドラマ、「違和感という調和」がある世界で魅せることも、華道の醍醐味なのです。

　そう考えると、器も変幻自在な様相を呈してきます。家庭という小さな器、家族は花。学校も、会社も、社会も、国家も器。そこに生きる者は花。さすれば、行き着く先は、地球は器、すべての人間も花。地球という青い器に、いのちをいけるのは神様かもしれませんが、私たち華道に関わる者は、人をはじめ動植物が

写真3-5　異素材との出会いによる大型作品
　　　　　都内ホテルにて。

絶妙なバランスで調和する平和な世界を願うものでありたいと思うのです。

　華道を通じて、異質なモノの美点を見極める心眼を養い、花を通じて異質なモノとの融合を実践し、そこに新たな美を再構築できる可能性を探ることが、地球の未来にも通じます。なぜなら、違う国の、違う言語の、違う人生観を持つ人と人との出会いは、異質なモノとの出会いゆえに、これまでにない化学反応が起こり、これまでにない新たな美に昇華できる機会となり得るからです。つまり、花をいける小さな現場から、世界を観る眼を養うのです。

　そういった意味で、私たちにとって、花は生き方という型を指南してくれる師匠でもあり、その花の命を使わせていただくことで、天地自然の理と万物調和の根本を知る機会を得るのです。まさに、植物の無言の摩訶不思議なチカラをもって学ぶ道こそ「華道」なのです。そして、華道家とは本来、天に向かい植物を奉ることで、八百万（やおろず）の神様のエネルギーを降臨させる標識としての花を設（しつら）える仕事です。その花は高さ6mを超える花であったり、小さな盃にいけられたミニアチュールな花であったりしますが、いずれにしても、人の手を通じて神様に花を献上する精神を忘れてはなりません。

　元来、命としては植物の方が、地球上では先輩です。だから、人の仕業で混迷に陥ったときには、人の知恵だけでは解決しないと考えるのが賢明だと思うのです。静かに強い植物のチカラに耳を傾けることで、何かが変わる気がしてならないのです。人智を超えて、植物の叡知が未来の鍵を握る ── いけた花に手を合わせたときに最近感じるのです。

参考文献
『決定版伝統の美 いけばな』世界文化社、1978年
別冊太陽『いけばな』平凡社、1975年
勅使河原蒼風『瞬刻の美』二玄社、2000年
勅使河原蒼風『花伝書』草月出版、1980年
小林玖仁男『節季の室礼』求龍堂、2006年
世阿弥『風姿花伝』PHP研究所、2005年

第4章
音楽を介した人と植物とのコミュニケーション

1. 音楽への入り口

　ベートーヴェンは森の中を歩き回りながら、思い浮かんだメロディーをノートに書き留めて、作曲しました。チェリストのカザルスは毎朝、海辺を歩いてからバッハの無伴奏チェロ組曲を弾いていました。
　音楽家は作曲や演奏の前に何をしているのでしょうか。起きて突然演奏するのでしょうか。他の仕事や雑用をした後に、そのまま音楽に向き合えるのでしょうか。否、そこには音楽への入り口としての何かが必要であり、それが音楽の質を決めると思います。

　　　　本を読む。　　　　　　　　美術を鑑賞する。
　　　　音楽を鑑賞する。　　　　　神に祈る。
　　　　座禅をする。　　　　　　　人や動物と会話をする。
　　　　料理を作る。食べる。　　　ヨガや体操をする。
　　　　歩き回る。散歩する。

　上に挙げたのは音楽への入り口の例です。筆者自身は、「自然の中を散歩する。自宅から100mほどのところに広がっている国立公園の森の中を歩き回る。その入り口にたどり着いただけで、今までの下世話な世界から逃れてすがすがしい気持ちになれる。森に入ると空気が違って、植物の匂いと木々に守られるような温かな空気を感じる。すると心も体も仕事や雑事から解放され、頭

第 4 章　音楽を介した人と植物とのコミュニケーション　183

写真 4-1　音楽への入り口としての森

がすっきりして、体のコリがほぐれてニュートラルになる」。

　森の中では、鳥の鳴き声、風に揺れる葉のささやき、落ち葉を踏む自分の足音、呼吸の音が聞こえてきます。日常生活では聞き落としている音たちが話しかけてくるので、耳が生き返ってすべての音を受け入れる気持ちになります。遠くから聞こえる車の騒音、救急車のサイレン、汽船の音まで、森というフィルターを通すと柔らかでいつもと違った音のような気がします。

　森の中では、太陽の光は木々の葉を通して柔らかな色に見えます。樹の種類や枝の高さによっても光は変化して、パリのオランジュリー美術館のモネの睡蓮の間にいるような気がします。地面は枯れ葉や小石が土と混ざって独特の色合いを見せます。木々の緑は街中と違って際立つというより溶け合った色になります。最近の子どもは道路の色はグレーで描きますが、森の中では茶色で、幹の色に近いのは偶然でないような気がします。都会では目が乾燥しますが、ここでは潤いをとり戻して、すべての色が生気に満ちて見えてきます。

　森の中では、土の上を歩くので、足の回転がいつもと違います。アスファルトの道では足に伝わる力に変化がありません。ところが土の道ではくぼみがあったり、ぬかるんでいたりで足に強弱の力が伝わり、自然に音楽の強拍・弱拍ができます。枝が風でゆったりと動くのを見ていると、自分の腕も柔らかな曲線を描くようになります。まるで音楽のレガートで歌っているメロディーのようです。自分の胴体は木の幹のように感じられ、足は土と触れながらリズムをとっています。すでに筆者は音楽を演奏しているではありませんか。

　森の中ではいろいろな人々とすれ違います。毎日、日の出を見に来る人。ラジオ体操をしに来る人。植物の写真を撮る人。スケッチを描いている人。短歌

を詠んでいる人。ペットと散歩をしている人。祈りをささげている人。部活動のトレーナー姿で走っている学生。はしゃぎながら話している親子。ゆっくり歩く仲のよさそうな老夫婦。ピクニックに来て、お弁当を食べている人。折れた枝や落ち葉を掃除する人。地図を見ながらトレッキングをしている外国人観光客も多く見かけます。

　これらの人には筆者はどう見えているのでしょうか。たまに、枝の動きに合わせて体操し、ベンチに座ってぼんやりしている筆者——木々の間から差し込む太陽の光を楽しみ、すべての音を受け入れ、歩きながらリズムを感じて音楽への入り口を探しに来ている人に見えているのでしょうか。この森に来る人々は目的以上の何かを得ていくに違いありません。すれ違う人たちとの会話はありませんが、彼らの目の輝き、やわらかで生き生きした顔の表情、軽やかな足取り、しなやかな腕の振り等から、何を考え、感じているか想像できます。森の植物、動物、大地、人が溶け合って、筆者を音楽の入り口へと導いてくれます。

2. 音楽の場所

　筆者のクラシック音楽初体験は、3歳の時にテレビであるピアニストが旧NHKホールで演奏しているのを見たときです。音楽が存在する場所には、演奏する場所と聴く場所があります。まず筆者が演奏したことがある場所を思い出してみたいと思います。

>　家の練習室（洋室、畳の和室）・リビングルーム、友人の家、
>　学校の教室・廊下・講堂・校庭・レッスン室・練習室・音楽室・
>　ホール、先生の家のレッスン室、レストラン、ホテルの会場、
>　学生寮のエントランスホール、図書館、教会、寺院、城、
>　バレエの練習室、船、音楽ホール、ホールの控室と練習室、
>　野外ホール、レコーディングスタジオ、テレビ局のスタジオ

　演奏したすべての場所は異なった素材で造られています。床を考えても土

第 4 章　音楽を介した人と植物とのコミュニケーション　185

写真 4-2　音楽ホールで演奏する筆者

の校庭、コンクリート床の練習室と野外ホール、レンガ敷きのエントランスホール、大理石の床の上に絨毯を敷いたホール、そして木張り床の部屋とホールなどがあります。壁と天井もいろいろで、校庭や野外ホールのようになかったり、テント張りだったり、教会のように石とステンドグラスだったり、バレエの練習室のように鏡張りだったり、スタジオのようにガラス張りだったり、城のホールのように大理石の壁に一部分厚いカーテンがあったり、音楽ホールの木張りだったりします。筆者の家のピアノ室の床はヒノキ張り、壁は杉張りで、音響を調節するために、一部に絨毯を敷いて、タペストリーを掛けています。

　音楽を演奏する場所はすべて聴く場所でもあります。ただ生で聴かない場合はスピーカーやヘッドホンを通して音楽を聴きます。ヘッドホンがあれば、山でも海でも洞穴でも宇宙でも騒音の中でも、どんな時にも好きな音楽を聴く自由があります。しかし、音楽愛好家たちは木で囲まれたホールや部屋で聴きたいのではないでしょうか。スピーカーを通しての音楽でも、木製の良いスピーカーを木でできた空間に置きたいと考えているでしょう。木は音を柔らかく反射して、心地よい音の波形に変えてから耳に音楽を届けてくれます。木は、雑音を聴くときさえ、安心感を与えてくれます。森の中にいて遠くから聞こえる車の騒音さえ、何か人間にやさしく接して聴こえます。アメリカのロッキー山脈の中にあるアスペンという町の野外ホールで聴くと、山に囲まれた景色の中で、嫌いな曲まで新鮮で違う曲に聞こえてきたことを思い出します。今話題のミュージカル『ハミルトン』は全編がラップ音楽ですが、美しい木でできたステージセットで観て聴いて、ラップ音楽に違った印象を持ちました。

人の脳は目で見たものも読み込みますから、テレビのスピーカーの音でしかない音を、木でできたホールでの音に変換する力があるかもしれません。音楽の場所は聴く人の想像する場所に変えることも可能ですし、音自体も人の想像力で変えて聴くこともできるでしょう。演奏者も曲の雰囲気でいろいろな場所や情景を思っています。森だったり、海だったり、戦場だったり、子どもたちだったり、どんな場所でも思い浮かべることができます。演奏者にとっての音楽の場所は、単に演奏する部屋やホールなのではなく、演奏する曲から連想される場所も含まれているのです。もし同じホールで同一の音楽を演奏し、聴いている場合、音楽の「場所」は共通のはずです。ところが、同じ音楽でありながら、人の想像する音楽の「場所」は異なっている場合もあります。そこにコミュニケーションの存在があるのでしょう。当然、木に代表される植物もコミュニケーションに加わって、音楽は意味を持って生きたものになり、作曲者、演奏者、聴衆すべてに感動を与えているのではないでしょうか。

3. 楽器と植物

赤ちゃんはお母さんのおなかの中で、いろいろな音楽や音を聞いて反応していることが知られています。生まれて最初の音はもちろん自分の泣き声なのでしょうが、お母さんの子守唄を聴いて育った子どもがほとんどでしょう。やがて子どもはお母さんの歌を真似るようになり、足をふみならしたり、手拍子をしたり、テーブルを叩いて音楽を自分で体験するようになっていきます。

古代、楽器は地球上にある木や動物の骨を使って作られました。そこから発展してきたのが現在の楽器で、多くの楽器は木（植物）で作られています。どんな楽器が思い浮かびますか。ヴァイオリン、ヴィオラ、チェロ、コントラバス、フルート、クラリネット、オーボエ、マリンバ、ハープ、太鼓、ピアノ、オルガン、チェンバロ等、多くの楽器が木製です。フルートのように材質が木から金属に変わった楽器もあります。

これらの楽器は木なら何でもよいというわけではありません。木の種類も松、杉、カエデ、ツゲ、グラナディラ、ローズウッドなどから選ばれ、木の産

地にもこだわって作られています。使用される木材の部位にもこだわりがあって、年輪の中心部だったり、周りだったりするだけでなく、一つの楽器でも部分によって変えることでより良い音が出るようになります。楽器職人はこれらの木材を厳選して、ミリ単位で削り出して楽器を作っていきます。同じ木材でも形や大きさで違う楽器ができ上がります。

　楽器が演奏者の手に渡り、楽器の保管と手入れが始まります。木は呼吸していますから、湿度はとても重要です。せっかくの名器も湿度が高いと鳴りが悪くなって、おもちゃのような音になってしまいます。ですから、演奏者たちは楽器が置かれる場所の温度、湿度の管理を徹底していて、自分の体以上に気を遣っています。筆者はピアノを弾けば、その楽器がどうしてほしいのかすぐわかります。温度を上げてほしいのか、下げてほしいのか。湿度を上げてほしいのか、下げてほしいのか。1度、1％でも違いは出ます。実は、楽器と会話しているのではなく、楽器に使われている木と会話しています。

　楽器は演奏に使われている時間より、練習室、ホール、楽器保管室、楽器ケースの中にいる時間の方がずっと長くなります。楽器は人の言葉はしゃべれませんから、その代わりに演奏者たちは楽器を弾いていない間も、楽器がある場所の空気管理を徹底して、楽器（木）の健康状態を常に管理しています。

4. 演奏家（ピアニスト）と植物

　音楽を演奏するという行為は、きわめて抽象的で謎に満ちています。筆者個人は演奏中に自分が楽器を使って音を出しているという感覚が持てていないと思います。特に良い演奏をすればするほど、音はどこからかやってきて、演奏しているはずの自分は、心と体が解離した状態になります。逆に思い通りに弾けないときは、楽器に向かって弾いている自分を実感します。楽器と自分の心と体が戦っているのが感じられます。

　では、演奏中にイメージはあるのでしょうか。例えば、美しい花や黒い巨大な森の映像が浮かんでいるのでしょうか。指揮者はオーケストラのメンバーに向かって「オーストリアのなだらかな丘陵のような、ゆるやかなクレシェンド

にしてください」と指示します。ピアノの教師は生徒に「木の葉の間を通り抜ける、柔らかな太陽の光のように演奏してください」と指示します。そうした場合、そんな風景をイメージとして思いながら演奏するのでしょうか。

　演奏者は多種多様ですから、もちろん具体的な映像がある人もいるかもしれません。筆者個人はピアノを演奏している間に風景などの映像が浮かぶことはまったくありません。たとえ『荒城の月』の伴奏をしていても、歌詞の風景を浮かべていることはありません。たまに演奏している楽譜の写真が思い浮かぶことはありますが。

　イメージは広辞苑では「心の中に思いうかべる像」とあります。心の中に像が浮かぶということはどういうことなのでしょうか。視覚的に写真やビデオのように浮かぶのでしょうか。あるいは神に対する畏敬の念や嵐に対する恐怖心が浮かぶのでしょうか。神の言葉や嵐の風雨や木々の音が浮かぶのでしょうか。このようなことは心の中で実現可能なのでしょうか。

　では逆に、イメージなしで演奏できるのでしょうか。これも間違っていると思います。「心の中に思いうかべる像」とは原子のような存在なのではないかと思います。つまり物質の素のようなもので、実像はないのです。それは「時間とは何ですか」と問われるのと同じです。時間は同じ物質が変化することを表すひとつの単位のようなものです。もし、太陽が南の真上の空にあり続けたとしたら、時間というものは存在しません。「イメージ」も心の中に思い浮かぶ像と他の像の違いを表すひとつの単位といえます。もし地球が同じ色の砂漠しかなかったら、イメージは存在しません。

　演奏中に音楽の中に植物が現れるのでしょうか。これはとても難題です。作曲家のシューベルトやシューマンは歌曲の詩で、咲いている花を見て恋人を連想しています。その時のピアノ伴奏は、小川の流れている音や草花を通り過ぎる風のさわやかな音を表していたり、主人公の恋人に対する恋心だったり、失恋のせつない気持ちだったりします。もちろんピアノ伴奏の音の中には、草花のイメージも含まれているかもしれません。しかしこれは人の言葉と思想が作った幻影かもしれず、植物が演奏と結びつき、植物がピアニストの中に存在するかどうかはわかりません。演奏者を通訳として、作曲家と聴衆のイメージ

が一致した結果として植物が存在しているかもしれません。

5. 日本の植物と音楽

　日本の植物は人にはどう見えているのでしょうか。日本には四季の移り変わりがあります。植物は四季折々の花を咲かせます。また若芽が息吹く春、木の葉が茂る夏、紅葉する秋、落葉する冬と移りゆく四季を見せてくれます。日本人はこの風情を短歌や俳句の少ない文字に詠み、人情と自然を織り込んだ文学を育てました。
　一方、古代の日本人は農耕民族として、農作物としての植物を育ててきました。当然、農作物を自然の脅威から守り、豊作を祈るための儀式の中での音楽ができました。それらの音楽は踊りや劇と結びつき、現在も一部の人々によって受け継がれています。
　現代の日本人たちは植物を扱った音楽とどのように接するのでしょうか。大多数の日本人は、学校で習った歌曲を思い出すのではないでしょうか。さくら、もみじ、からたち、なの花、かやの木等が初めての接点ではありませんか。これらの歌曲では、植物そのものの美しさや景色を歌っているものもありますが、植物を見て人間が感じた喜びや刹那などの感情を歌っているものもあります。もちろん今のポップス歌手たちの音楽でも、同じように植物は登場しています。
　日本の音楽家は海外の音楽家と比べて、微妙な音の変化を感じることができるといわれています。日本の植物が季節によって、ある時は一日ちがうだけで、葉の色が変わる様子を見て、それを音楽に表現しようとしているうちに自然と備わってきた能力でしょう。

6. ベートーヴェン『田園交響曲』

　ベートーヴェンは、ウィーンにいる時は散歩するのが日課で、森の中で大自然に親しんでいました。ベートーヴェンが作曲に使ったスケッチブックには、「森の中で自分は幸福だ。樹々は語る。汝を通して、おお神よ、なんと素晴らし

き……どの樹もみな自分に語るではないか。聖なるかな。森の中は恍惚たり」と書いてあったりします。それを音楽にしたのが『田園交響曲』でしょう。

ベートーヴェンは『田園交響曲』の5つの楽章にそれぞれ次のように表題をつけました。

　　第1楽章　田舎に着いた時の楽しい感情の目覚め
　　第2楽章　小川のほとりの景色
　　第3楽章　田舎の人々の楽しい集い
　　第4楽章　雷雨、嵐
　　第5楽章　牧人の歌。嵐の後の喜ばしい感謝の気持ち

なぜベートーヴェンはこれらの表題をつけたのでしょうか。この曲を演奏するオーケストラ、この曲を聞く人々に写実的な映像を強要しているのでしょうか。むしろベートーヴェンは作曲していくなかで、この曲の全体感を題名としてつけたくなったのでしょう。実際にこの曲を聞いていると、ウィーンの森の日常である小鳥の声、小川の流れ、風の音、雷の光と音、嵐、そこに住む農民の会話、歌声と踊りが次々に現れます。演奏者も聴衆も勝手に自由なストーリーを思い浮かべることができます。ベートーヴェンは自分の意を押しつけるのではなく、演奏者、聴衆、後世の人々に自ら考えることを委ねたのでしょう。

ベートーヴェンは生涯で9曲の交響曲を作曲しました。その中には第3番『英雄』、第5番『運命』、第9番『合唱付き』（副題）も含まれていますが、ほとんどが抽象的または心理的な音楽です。それに対して第6番『田園』は自然やその中の森林（植物）を感じることができる唯一の交響曲だと思います。

ベートーヴェンは『田園交響曲』を1806年からウィーン郊外のハイリゲンシュタットの森でスケッチをとり始め、1808年に完成させました。ハイリゲンシュタットの森の樹々が語った音楽の断片を、ベートーヴェンはオーケストラの楽器を通して後世に残る名曲にしました。私たちがハイリゲンシュタットの森に行けば、樹々は何を語りかけてくるのでしょうか。植物と音楽のコミュニケーションの存在を確かめるには、ハイリゲンシュタットは絶好の場所といえます。

図 4-1　交響曲第 6 番「田園」より
ベートーヴェン作曲

7. 環境音楽と騒音

　現代の生活では騒音は避けられません。工事の音、飛行機、電車、車、トイレを流す音、上階の足音、ドアを閉める音、隣の部屋の話し声等、きりがありません。プロの演奏家の音楽さえ、騒音として捉えられることもあります。練習室は防音工事が施され、音楽ホールは一切音が外に漏れないように造られています。特に大音量が出るロックバンド等は、地下に練習室があったりします。

　現代の密集した都市生活は、環境破壊によって植物がプランターやプリザーブドフラワー、はたまたスマートフォンの植物映像に代わってきています。音楽もイヤホンやヘッドホンを通して聴くようになっています。ますます、植物、音楽、人が密閉されていくように思います。こういった世界でのコミュニケーションはどのように存在しているのでしょうか。

　では、私たちが開かれた場所で聞く音楽は何でしょうか。環境音楽として、駅のホームでの電車の発車ベル、横断歩道用の信号音楽、商業施設でのBGM等、我々の周りには音が満ち溢れています。今はあまりありませんが、和風庭園の添水もその一種かもしれません。これらの音は周りの環境にマッチするように、また人間にとって心地よいものとして作られたはずです。その一方で、それは毎日聞き慣れた音楽になってしまって、ご飯の味のように聞き落とされる存在かもしれません。それどころか、駅や交差点の近くに住む人にとっては騒音になっているかもしれません。

　筆者はピアニストとして、毎日名曲といわれる音楽を練習しています。しかしそれは密閉された防音室の中であって、他の人や物との直接的なコミュニ

ケーションはないように思います。練習の時だけを考えれば、宇宙でただ一人勝手にピアノを演奏し、勝手に自分で聴いているだけにすぎないような気がします。たとえれば、缶詰の中の食物のようなものです。いかに高級な音楽を上手に演奏しても、缶詰の中では価値がありません。ピアニストは、一生の中の本当に多くの時間を一人で練習するので、缶詰入りピアノ人生といったところでしょう。

　あるとき並木が続く道路を散歩していると、マンションから『エリーゼのために』が聞こえてきました。おそらく子どもが練習しているのでしょう。しかし、なんとすがすがしく上手なピアノ演奏でしょう。そこには、作曲者のベートーヴェンがいて、ピアノという楽器があり、子どものピアニストがいて、『エリーゼのために』の曲が聴こえ、街路樹の緑があって、筆者がいる——そこには缶詰の中ではない、開放された地球の中でのコミュニケーションがありました。並木がハイリゲンシュタットの森のようにも思えます。子どもの弾く『エリーゼのために』が『田園交響曲』に聞こえてきました。ここには、横断歩道用の信号音楽や商業施設のBGMとは違った、人からのメッセージを感じ取ることができます。密閉された音楽ホールで演奏される『田園交響曲』と比べて、人に訴えかける力はどちらにあるのでしょうか。

参考文献
ベートーヴェン　交響曲第6番　ヘ長調　作品68　『田園』　音楽之友社

第5章

書道を介した人と植物とのコミュニケーション

1. 中国における書の始まりとその発達

　書は、言葉を文字という素材を用いて表す芸術です。よって、絵画や彫刻などとは違い、そこにはおのずから定められた形態が存在します。また書は、漢文学、日本文学と深い関係があり、過去の優れた作品は一級の文学者によって作られた文章や詩などを漢字、仮名という文字を用いて表してきました。本章ではそのような書作品の中で、特に植物と関わりの深い作品をまずご紹介いたします。また、書に使う文房具は、動植物由来の材料で作られているものが多くあります。その主たるものを併せてご紹介します。

　漢字の故郷中国では、現在最古とされる文字の誕生時、文字は神の意思を記録するためのものでした。そして、青銅器文化が発達していくと、そこに文字を鋳込むことが始まります。甲骨文字は神権政治時代における神への畏怖や信仰を示すといった要素があり、金文は封建社会における氏族同士の結合を強化させるために使われる要素が大きく、まだそこに主体的な芸術としての書、つまり個人のさまざまな感情や自然風物への讃歌、楽しみといったものを表現することはありませんでした。

　中国の書の歴史は、一般庶民までもが文字を扱えるようになって、いっそう発展を遂げ、書を書くための文房具も発達していきました。特に紙という書写媒体が生まれたことによって、書の表現は大きく開花していきます。それまで用いられていた木簡や竹簡と違い、縦横無尽に文字を書くことができるように

なります。書写媒体の多様化に伴って文字の使用が広まり、新しい書体の発生や分化がありました。

　漢字は基本的に複雑なものから簡略なものに変化を遂げていき、全部で5つの書体（篆書(てん)、隷書、草書、行書、楷書）が3世紀頃に揃います。その中でも特に人間の感情を盛り込みやすいとされるのが、文字を簡略化し、速い速度で書くこともできる行書や草書です。後漢の次に成立する西晋、東晋時代に、書の世界でとりわけ重視される王羲之(おうぎし)（307〜365年頃）が登場します。書聖と呼ばれる王羲之が登場した意味は、行書、草書を芸術の域まで昇華し、この書体における普遍性を確立したことにあります。

　しかし、残念ながら王羲之の書いた真跡（肉筆）は現在どこにも存在せず、すべてが摹本(もほん)（薄い紙などを敷いて、その上から文字を写し取ったもの）や拓本（木や石に刻された文字を紙に墨で写し取ったもの）でしかありません。しかし、王羲之の登場によって行書、草書が書芸術としての高みを極め、日本の書にも大きな影響を与えたことは間違いありません。それは奈良時代に編纂された『万葉集』の中に「羲之」または「大王」（王羲之の別名、子の王献之(おうけんし)を「小王」というのに対しての呼称）と書いて「てし」（手師＝書の先生、名人）と読む万葉仮名表記があることからも窺えます。

2. 植物を題材とした書

　書の場合、絵画と違って直接植物を見ながらそれを模写したりすることはありません。書は文字を記すことが元来の目的です。当然その中に植物の名称が出てきたとき、その言葉の意味は筆者の心の中に去来するはずです。また、文字を書く紙への装飾に植物のモチーフが用いられることもあり、書作品の価値や作者の感興を高めることがあります。

　和漢の書の中で植物との関連がある作品として、まず中国の書から「黄州寒食詩巻(こうしゅうかんじきしかん)」（写真5-1）を挙げたいと思います。この作品が制作された北宋時代は、それまでの貴族支配中心の政治体制から、科挙という試験を通じて官僚となった、士大夫(したいふ)と呼ばれる人々が政治の中心となる政治体制をとる時

第5章　書道を介した人と植物とのコミュニケーション　195

写真 5-1　蘇軾書「黄州寒食詩巻」

代でした。それに伴って人の個としての存在に注目がなされ、文学の面でも、それを支える経済構造をもつ社会も大きな変動期を迎え、この時期を唐宋変革期といいます。

　「黄州寒食詩巻」は蘇軾(そしょく)(1036〜1101年)という人物が47歳の時に書いたものです。蘇軾は蘇東坡という号で知られ、「赤壁賦(せきへきのふ)」や「春宵一刻値千金(しゅんしょういっこくあたいせんきん)」といった漢詩のフレーズで有名な文学者です。蘇軾は数々の政争に巻き込まれ、浮沈を繰り返す生涯を送りましたが、その中で人の生命や存在について深く考究し、自然との大調和を目指した人物であると筆者は考えます。書を生業とした専門的書家ではありませんが、一級の知識人として後世に慕われる書をいくつも残しました。その一つが「黄州寒食詩巻」であり、筆者は蘇軾というととりわけこの書に魅力を感じ、特に作品中盤を過ぎた11行目の〈葦〉という文字の書かれた箇所周辺が想起されます。

　この〈葦〉字の前後の行は、書き進むにしたがって、自らの境遇とも詩文がかみあってか蘇軾の感興が高まり、文字も大小さまざま入り乱れていき、うまく書こうといったような作意がないようです。この〈葦〉という文字の縦画が強く引かれて、最後にいくにしたがって静かに抜き去られていく筆遣いから、蘇軾の息遣いが千年後の今日にも伝わってくるように感じます。政争に巻き込まれて流謫(るたく)の憂き目に遭い、科挙試験で将来を約束されたはずの高級官僚が辺鄙な土地で竈(かまど)に火をくべて自らの境遇を回顧している——その寂しさ極まった心境をより掻き立てるのが〈葦〉という粗末な植物ではなかったでしょうか。

書は文学と切り離して考える単なる造形芸術ではなく、そこにある作者の人品や思想、感興との共鳴と確かな技術によって価値を千載に残すものだからです。

次に日本における作品に目を向けていきたいと思います。わが国では漢字を母体として、漢字一字に一音をあて、仮名表記するという方法が編み出されました。この表記方法は、奈良時代に編まれた現存最古の歌集『万葉集』においてその使用が多く見られるので〈万葉仮名〉といいます。この万葉仮名は主に楷書や行書で書かれ、書くのも男性が主であったので〈男手〉ともいいます。なお、ここでいう〈手〉とは手そのものではなく、筆跡の意味です。後にこの男手が草書で書かれるようになったものを〈草仮名〉といいます。そしてこの草仮名がさらに簡略化されると、私たちが現在も用いている平仮名も含まれる、主に女性が書いたことで「女手」と呼ばれる書きぶりとなります。

この仮名の発達によって、私たちの祖先は男女とも国語を用いて自由に自己の感情を表すことができるようになりました。特に貴族たちの恋愛の場面には、短歌を贈答することが不可欠であったので、急速に文学性が向上します。そして、醍醐天皇の勅命によって『古今和歌集』の編纂が紀貫之らを中心に進み、平安文学の一つの頂点を極めます。また、その文学を書き残すために使われる紙は、仮名文字の場合、ただの白紙ではなく、色を染めたり、金銀の箔を散りばめた華麗な紙（料紙といいます）に書かれることが通例でした。これは貴族間の贈答品や子弟の手本として用いられ、絢爛豪華な料紙を用いた古筆の名品が次々に生まれます。

平安時代から鎌倉時代にかけて作られた料紙には、葦が意匠として描かれることがありました（写真5-2）。金銀泥で繊細な描写がなされていたり、また葦手絵（写真5-3）といわれる茶色の染料などで生き生きとした絵が描かれた料紙もあります。このような料紙を使った遺品として有名なのが、京都国立博物館蔵の国宝「葦手下絵和漢朗詠集」です。この書を書いた人物は代々、能書の家として存在した三跡の一人

写真5-2　金銀泥葦手

藤原行成を祖とする世尊寺家の六代目藤原伊行（1139〜1175年？）です。

また、この葦手絵の中には葦手文字と呼ばれる絵の中に文字を忍ばせ、絵画と文学を結びつけた高尚な試みがされていました。「西本願寺本三十六人家集 能宣集上」（写真5-4）には「う」の形の鳥が瓶、すなわち「へ」にとまっており、合わせて「うえ」すなわち「上」（天皇）を意味しています。その横に描かれた子どもは、写本制作当時10歳であった鳥羽天皇を表していると考えられています。

このように植物という素材と書自体がコラボレーションをし、絢爛豪華な仮名美が平安期に形成されました。我が国の上代においては、人と植物である葦との関係がごく身近な存在であったからこそ、このような葦手という着想と美意識が芽生え、平安期の書芸術の形成にも影響があったのではないかと考えます。

写真 5-3　葦手絵

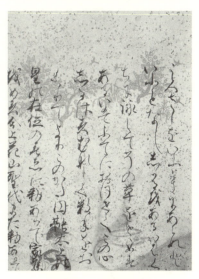

写真 5-4　葦手文字

3. 植物と文房具

書は筆や紙、墨といった天然の材料を主とした道具を用いて制作される、とてもシンプルな芸術の一つです。この書を支える文房具というものは基本的に動植物の恩恵がなければ成り立たない用具です。その文房具と植物との関係において、特に注目したいのが紙と筆です。紙は我が国であれば雁皮や楮と

いった植物原料の繊維を使って紙漉きを行い、それを乾燥させて紙として使用します。これが〈和紙〉です。中国では、書に用いる紙は、主に稲藁と青壇の樹皮を混ぜて作るといいます。この植物の繊維が絡み合って構成される紙によって、筆が墨を多量に含んでいれば滲みを生じ、墨量が少なく、紙との抵抗が大きいと今度はかすれが生じます。このにじみとかすれの効果を工夫し、書表現がなされてきました。過去には、滲み止め加工をした紙や表面に装飾を施した紙が使われることが大半でした。このような紙を〈熟紙〉といい、何も加工されていない紙は〈素紙〉といいます。特に繊細な表現がなされる仮名書道では、紙の目が細かく、ほとんど滲まない繊維の詰まった紙、表面に加工をして滲みをなくした紙が用いられました。いずれにしてもこの紙という存在なくして書表現の発展はありえませんでした。

　また、水分を与えると膨張し、乾燥すると縮むという紙の性質を使って文字や絵を表装し、掛軸や額装、屏風などに仕立てることができます。作品を飾り、保存するためにも和紙の存在は不可欠です。和紙は植物の繊維という丈夫で軽い素材でできており、持ち運びにも便利な掛軸や巻物という体裁に仕立てることができます。移動や保管が容易であったため、戦乱の歴史の中でも人々によって作品が守られてきました。書芸術の根幹を成すものは、植物の与えてくれる恩恵であるといっても過言ではないでしょう。

　さて、次に筆です。筆という筆記具は獣毛を主な原料とし、それを竹や木でできた筆管に差し込んで使用します。また古来より使われた筆は〈巻筆〉(写真5-5)といって、動物の毛を束ねたものを和紙で巻いて筆の弾力を強くする構造をとっていました。今この技術は中国では失われていますが、飛鳥、天平時代には使用されたと考えられています。奈良の東大寺正倉院に納められる大仏の開眼などに用いた筆は、紛れもない巻筆です。そして、現在も滋賀県で店を構える攀桂堂主人藤野雲平氏父子によってそ

写真5-5　巻筆「筆龍」

の製法が守られています。

現在よく見かける筆は、巻筆に対して〈水筆(すいひつ)〉と呼びます。筆の軸に用いられる竹や木は、強固で曲がらず、そしてあまり重くないものが好まれるようです。昨今の筆は軸部分にもプラスチックなどを用いるものが多く、質が低下しているように思いますが、一昔前には優れた品物が使われていました。筆者は特に竹管でできた軸の立派なものは、揮毫中の手の汗を吸ってくれる実用的な利点と、手脂を吸収することでえもいわれぬ光沢を持っていき、使用するにしたがって美しさを増す点で優れていると思います。そして、優れた筆には立派な文字が刻まれて彩色され、凛とした風格

写真 5-6　唐筆「文革前」

を保っています。日本の筆にもこのような良い風格を持つものがありますが、中国の文化大革命より前に作られた、例えば李鼎和(りていわ)や戴月軒(たいげつけん)などの老舗が製造した古い筆に、より良い印象を持っています（写真5-6）。

　筆者は優れた素材と伝統技術の結晶として作られた文房具を使うことで植物とふれ、自然と近い心境となり、良い書が書ける気がします。かつての書家は筆の作りについて職人へ細かい要望をしていました。文房具へのこだわりと愛着を古今の書家や文化人たちが持っていたことは、彼らが名誉や利権を翰墨(かんぼく)（書道）世界に求めたのではなく、書自体を心から愛し、楽しんでいたからであると思っています。

4. 植物を題材とした書を書く際に去来するもの

　私たちは書作を行う際には、その題材として和歌を書いたり、漢詩を書いたりします。書作にあたっては、その内容を吟味し、自分の心とふれ合うような詩文と出会えると嬉しく、感興が湧き、無性に字を書きたくなります。また、その時々の自分の心境を自らの詩文に託するときなどは、最も心と技術が渾然

一体となるわけです。自詠自書作品に名品が多いのもしかるべきことです。

　書を書く人にも楷書が好きな方、行書が得意な方とさまざまなタイプの方がいます。しかし、元来であれば例えば文中に「桜」という言葉があれば、春の盛りの気持ちの良い時期を想像し、筆致も軽快になることもあります。また少し洒落っ気を起こせば、桜から連想して桃色の紙を用いてみようとか、墨色を淡くして優しい感じが出るようにしたいなどと考えることがあります。

　芸として書を嗜む身でありますので、より高尚なものを目指そうとしたとき、精神状態を良好にし、植物や自然との一体感を持つような態度を取り、そして書表現をすることは望ましい形の一つです。古典名跡の誕生背景を考えた場合、世俗から逃れた教養人が自然と融和する気分になったときに、ふと書かれた筆遊びであったり、メモに近いような自然な筆致で書かれた手紙であることなどが挙げられます。また、作歌朗詠を得意とした平安貴族の穏やかな心情の下に書かれたであろう仮名作品があります。悟りを開いた僧侶による墨跡類も、茶席を中心に尊重されています。これらの書の成立背景をもし一言で包括するならば、人間の達しえた「自然の妙境」とでもいいましょうか、無理のない自然な流れの中に生まれたものが多いといえます。ここでいう「自然」とは、必ずしも植物や風雨などを複合した「自然」とは違ったニュアンスを含んでいますが、自然に調和したあり方そのものとも共通する部分があると思います。大きな意味で植物と書作品との共通性といってもよいのではないでしょうか。

　しかし、一方で書というものは文字という素材を用いた表現芸術です。漢字そのものが持っている各書体における造形美や仮名などにある流動美というものが存在します。必ずしもあるがままの自然と調和しただけではない、人工美の極致でもあるわけです。例えば植物の名称として「椿」という文字があったとします。この文字を楷書で書く場合と草書で書く場合、篆書という古代の文字のスタイルで書く場合、かな文字で書いた場合とでは、図5-1で示したように、その造形や趣は大きく異なります。すなわち、同じ詩文を書いた場合でも、どの書体を用いるかによって表現されるものは大きく変わるのです。

　作家としては、植物名といわず、詩文の内容に共感しても、表現においては自分がより理想とする雰囲気に近づけようと書作を行うもので、そのとき作者

の心に去来するものは、思いのほか少ないかもしれません。これは現代を生きる私たちにはやむをえない部分もありますが、過去の書人も必ずしも文学性だけではなく、文字造形の面白みを求めて書作をしていたであろうことが遺品から考えられます。

　例えばですが、私たちは書の古典を学ぶ際に半紙などにそのお手本とする文字をそっくりに、かつ筆の働きを損なわないように書きます。この基本的技術の習得のための練習を〈臨書〉といいますが、この臨書を作品にすることもあります。しかし、古典に書かれた文章の内容は、ある人物の功績を記したものであったり、個人間の手紙であったりと、その内容に共感して臨書する人が書いたとは必ずしもいえません。また、単に詩文の内容を表したいのならば、読みやすい楷書や平易な行書を用いれば足りることで、謹厳で整った篆書や読みにくい草書を用いる必要はありません。必ずしも理屈だけでは割り切れない部分があるのも、文字を用いるという制限がある書という芸術の特徴であると思います。

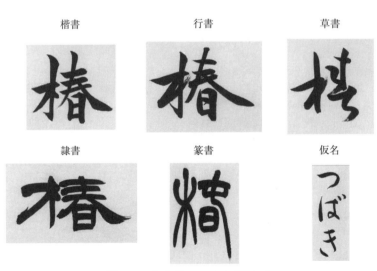

図5-1　各書体における「椿」字

5. おわりに

　さて、書と植物の関係ということで書跡、文房具と項目立てて述べてまいりましたが、筆者は恥ずかしながらこの植物の恩恵ということに今回の原稿を通じて初めて思い返すに至った部分が多々あります。植物は日常いたるところに存在し、書という芸術を志す私たちに多くの恵みを与えてくれることを改めて知りました。また、過去の書作品に植物の存在が影響を与えたであろうということに気づきました。これは気づかぬうちにある種のコミュニケーションを、植物と書に関わってきた人々が長い間取り続けていたということにもなるかと思います。

　今一度私たちにとってかけがえのない植物のありがたさに着目し、芸の深化を図ることが21世紀の書には必要だと考えています。一個人が急に難しいことはできませんが、まずは目の前の半紙一枚、筆一本を大切にすることから始め、日々の修練に努めることにしたいと思います。以上まとまりませんが、書に携わる者としてまだまだ不十分な筆者の話に最後までお付き合いくださり、誠にありがとうございました。以上で擱筆したいと存じます。

参考文献
小松茂美『古筆』講談社、1972年
神田喜一郎『中国書道史』岩波書店、1985年
『中国法書ガイド46　蘇軾集』二玄社、1988年
『季刊墨スペシャル第12号図説日本書道史』芸術新聞社、1992年
「ほはばのデザイン　木村詩織氏のコラム」
　http://hohabanodesign.jp/2015/05/06/%e8%91%a6%e5%8e%9f/

第6章
樹木医から見た人と樹木とのコミュニケーション

1. はじめに

　筆者は農林省林業試験場(現在の国立研究開発法人森林研究・整備機構森林総合研究所)を退職後、樹木医として樹木の保全の活動をしています。
　樹木は植物の一角であり物言わぬ生命体であるとともに、ある場所に定着すると、光と水と炭酸ガスおよび各種栄養素を栄養源、エネルギー源としながら、何年も時には数千年もそこで生きていきます。樹木医として樹木を相手にすることで難しいのは、物言わぬ樹木の健康状態を知らなければならないことです。樹木には日常的にたえず、健康を脅かす虫・動物や病原菌からの攻撃を受けますが、攻撃相手を追い払うことはできません。また、強い風雨にさらされたり、高温・低温・乾燥など不利な条件にさらされたりしても、定着した場所を動くことはできません。樹木医の仕事はひたすら愛情をもって樹木に接し、生じる変化を見逃さず、感じ取って対処することです。

2. 人と樹木とのふれあい

(1) 民話などに見る人と樹木とのコミュニケーション
　「早く芽をだせ柿の種」の『さるかに合戦』、「枯れ木に花を咲かせよう」の『花咲か爺さん』のように木の登場する昔話がありますが、日本各地に残る郷土の樹木には人とのコミュニケーションを示す民話・逸話・昔話が数多く

写真 6-1 国指定天然記念物
能満寺のソテツ

伝わっています。その土地その土地の樹木に人が親しんできたことで、人と交流する樹木の精が登場する民話や伝説が作られてきた（浅井 2007）ものと思われます。例えば、筆者の故郷である静岡県吉田町の能満寺には樹齢千年を超えるとされる国指定天然記念物のソテツ（写真 6-1）がありますが、それには時代を異にするこのソテツと人との交流を示す次の2つの話があります。

1） 安倍晴明と大蛇

平安時代、陰陽師安倍晴明がこの地を訪れたとき、大井川に大蛇が死んで流れついているのを見つけました。そこで晴明は、塚を立てて埋葬してやり、その上に中国から渡来したソテツの苗木を植えました。すると、ソテツが大きく成長したというのです。育ったソテツが曲がりくねっているのは、大蛇の精がこの木に乗り移ったためとも伝えられています（神谷 1991）。

2） 泣いたソテツ

能満寺のソテツは徳川家康の命により、駿府城に移植されたことがあったといいます。ところが夜な夜な「いのう、いのう」という泣き声がソテツの近くで聞こえます。そこで、家康が学者に尋ねると、「いのうとは行こう、つまり寺へ帰りたいという意です」とのこと。これを聞いた家康は、このソテツを能満寺へ帰しました。その後、ソテツは泣くことはなかったといいます（近田 1984）。

（2） 人と樹木との関わり

樹木には葉や幹があり生命活動をしています。人にとって、葉の緑それ自体が憩いとなり有用ですが、幹などは林産物として人にとって有用な資源となります。

1） 樹木による人の癒し

　樹木は自宅の庭、街路、公園、野山などいたるところに存在していて、緑陰を作り、存在するだけで、人々のストレスを癒し、心身をリフレッシュする働きがあります。リフレッシュの仕方は人さまざまであり、ある人は、手付かずの自然に惹かれ、休日には自然に分け入り多様な生物にふれることで英気を養います。ある人は自邸に庭木を植え、剪定し、好みの木姿に育てることを楽しみとします。また、ある人は盆栽を行い、植木鉢内の盆栽木の自然創生の奥深さに心を癒されます。

2） 樹木の恵み

　人は、コンクリートで地表を覆い、樹木にストレスを与えています。しかし、樹木は多くの恵みを人にもたらしています。樹木は炭酸ガスを吸収し、酸素を吐き出しています。果樹からはリンゴ、ミカン、サクランボ、モモ、ウメ、クリ、ナシ、ビワなど多種類の果実が収穫されます。人が食用にするキノコは樹木を分解して育った菌類が胞子を形成する組織、子実体です。サクラ類、ウメ、ツバキなどの花樹は、人の生活に季節の彩りや潤いを添えます。スギ、ヒノキなど針葉樹の樹幹は、柱や板などに加工されて日本人の住を支えます。カシ、ナラなど広葉樹の樹幹は家具の材料となります。クヌギ・ウバメガシの樹幹は薪や炭など循環エネルギーを生み出します。人が樹木から得る恵みは多様であり、樹木の利用そのものが産業や文化の礎となり、多数の人のくらしを支えます。このように樹木は経済・文化で多くの恵みを人々に与えているといえます。

3. 樹木の生命とそれを脅かすもの

　樹木各器官・部位の正常な活動が何かの要因によって妨げられることで、樹木は健康を損ないます。樹木の健康を妨げる要因には、環境的（地球温暖化等）、物理的（地盤硬化等）、生物的（各種の病害虫等）なものがあります。

（1） 生命体としての樹木

　樹木は植物であり、不利な環境においても移動できません。これは、樹木が個体を維持するのに不利なことともいえますが、通常は生命維持に必要な有機物を成育場所で自立して生産でき、生命を維持できますので、移動する必要が特にないともいえます。条件が整えば、葉・幹・根をバランスよく成長させ、何百年も生きられます。しかし、どの樹木も常に快適な環境条件にあるというわけではありません。時には日射量が不足したり、土壌水分が不足したり、過剰だったりなどさまざまなストレスを受け、樹体全体あるいは樹体の一部に生理異常や衰弱が表れます。その原因を見極め、適切に対応する（樹木とコミュニケーションをとる）ことが人々に求められます。

（2） 樹木を取り巻く環境状況

　温暖化ガス濃度が高まり、地球が温暖化しているといわれていますが、樹種ごとの森林限界の垂直移動（同じ場所で、境界が高標高方向に変化すること）や水平移動（同じ標高で、境界が主に高緯度方向に変化すること）により、生態系が変化することが指摘されています。自ら生育場所を移動できない樹木にとっては、地球温暖化は時に過酷なストレス環境となります。

　また、経済活動が活発化して、地球規模での人の移動が盛んですが、このことは我が国に侵入する樹木病害虫による被害発生リスクを高めています。さらに、人が集まる都市においては樹木は人工施設物を設ける際にはしばしば邪魔物扱いされることも多く、都市化で地表がコンクリートで塗り固められると、街路樹等の樹木にとって育ちにくい環境となります。

（3） 樹木の生命を脅かす土壌の硬化

　樹木の根系は、土壌中に太根や細根を伸長して樹体を支えるとともに、水分や各種栄養素を吸収して樹幹や枝葉に送る重要な働きをしています。根系が正常に進展するためには、土壌の物理性が良好でなければなりません。人による踏圧（人の通行による土の踏み固め）で土壌が固まると、水の浸透が悪く、通気性も悪くなり、酸素の供給が断たれます。そのことで、細根が伸長できず、

貧弱化したり、壊死したりします。根系の壊死部からは根株腐朽菌が侵入します。根株腐朽菌の侵入により材が欠損し、空洞化することは、樹木全体の衰弱・倒伏・枯死につながります。

（4）樹木の生命を脅かす病害虫

　樹木の生命を脅かす病害虫は枝葉、幹、根に寄生し、樹木を衰弱させます。
　病気を起こす病原体の種類は糸状菌、細菌、ウイルス、線虫、ファイトプラズマ等の微生物です。ソメイヨシノてんぐ巣病はソメイヨシノの主要な病害で、この病菌が寄生することで、枝がほうき状（てんぐ巣）になり、枯れてしまいます。病原微生物が樹木に侵入すると、大なり小なり悪い影響があります。樹種特有の病原体が寄生しますので、病徴をみて病原体を特定（同定）する作業が必要です。病気で特に問題になるのは、ベッコウタケ、ナラタケ、白紋羽病菌等の腐朽菌類です。腐朽菌が寄生すると、材質が分解されて樹幹等の木部が消失し、空洞化します。空洞化した樹木は倒木の危険が生じますが、決め手となる防除法は残念ながら今のところありません。
　樹木には多くの昆虫が寄生しますが、被害は主に食害によるものです。葉を食するのは、アメリカシロヒトリ、イラガ、チャドクガ等の蛾類の幼虫で、これらを食葉性害虫といいます。食葉性害虫が寄生していると、地上に虫糞を盛んに落としますので、寄生に気がつきます。その他、葉に寄生するもので、アブラムシ等吸汁性害虫があります。また、幹や主根に寄生し、大きな被害をだすのはカミキリムシ類等の幼虫です。幹の材質を食べて、幹の内部に孔をあける昆虫を穿孔性害虫といいます。これらが寄生すると、幹や根際から食べかす（フラス）を排出しますので、これらの虫の寄生に気がつきます。
　次に、外国から侵入し、多くの日本人の好む樹種であるマツ類、サクラ類、ウメに大きな脅威を与えている病害虫3種を紹介します。

1）マツ枯れ（マツノザイセンチュウ）

　日本のマツ類が壊滅的な枯損被害に見舞われています。その最初の被害は、記録（矢野 1913）によれば、1905年の長崎であったといわれています。なぜ長崎かというと、この頃、日露戦争が行われていて、軍需物資の梱包資材に紛

れ、媒介昆虫とともにこの地に入ったと推定されています。被害は九州全土から本州全体に広がり、最初の被害が報告されてから百十年余りたった現在の被害地は、北海道を除く全都府県に広がっています。被害木は、秋口に全身の葉が赤変して、枯れてしまいます。この枯れの原因は謎でした。

　この枯損原因を究明することが、1960年代当時の農林省林業試験場の至上命題となりました。筆者は1969年にここに入り、組織の一員として、松枯損防止の研究に携わっていました。多くの研究分野が成果を出せないなか、枯損原因の解明にたどり着いたのは、九州支場（熊本市に所在）の樹病研究室でした。そこでは九州各地の被害木から材片を集め、それぞれから菌を取り出し、培養しては苗木に接種して病原性を示すものがないかどうかシラミつぶしに調べていました。しかし、この作業は徒労の繰り返しでした。

　ところが、この作業で積み重ねられたシャーレ内で生育した菌を何気なく観察していると、いくつかのシャーレの中に動くものがあることに気がついたのです。それは体長1mmほどの線虫の集団でした。見つけた線虫集団を増殖させてマツ苗木に接種してみました。すると、その苗木が見事に枯れたのです。ただ枯れるだけではなく、健全なマツ類であれば、傷部から流れ出るヤニがこの被害木では出てこなくなるこの病気の特徴も再現されました（清原 2014）。このことにより、長い間謎とされた集団型松枯損の原因が示されたのです。この線虫にはマツノザイセンチュウ（図6-1）という名がつけられました。この成果は、世界的なものです。

　核心はこの線虫単独でマツ類を枯らすという事実であり、筆者はこの成果を踏まえ、防除法の一つとしての薬剤の樹幹注入法を開発しました（松浦 2014a）。その方法は、注入容器を用いて、この線虫に作用して枯損防止効果のある殺線虫剤や駆虫薬の薬液をマツ類の樹幹に注入する方法です。もちろん、樹幹に注入すればどんな薬剤でも効果が見られるというわけではありません。選抜された薬剤は、樹体内での移行性、分布性、安定性が良く、人に対する毒性が低く、樹体各部の組織に分布した濃度が線虫のマツ類への加害活動を抑えるのに十分であることなどが必要です。

　樹幹注入剤はこの病気の予防には高い効果を示します。しかし残念なこと

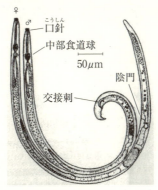

図6-1 マツノザイセンチュウ
左:マツ類の材内の垂直・水平樹脂道に侵入したマツノザイセンチュウ、
右:雌雄のマツノザイセンチュウの形態(真宮 2007)

に、治療法にはなりません。それは、線虫が樹体内に入り発病・枯死に至るのが早いうえに、発病したということを早期に検知できる良い手段がないからです。発病していることが外見ではわからない時期に何らかの方法で検知できれば、ある程度の救命が可能ですが、葉の一部が黄変しているのが見つかったときにはもう遅く、内部では全身の生細胞が壊死して回復できない段階に進んでいるのです。

一方、媒介者（マツノマダラカミキリというカミキリムシ）も発見され、媒介者を防除する方法も取られました。また、この線虫が米国からの侵入者であることなども明らかにされました。そして、線虫が樹体内に入ると、生細胞が死んだり、水分通導が停止したり、傷口からのヤニの出が止まるなどさまざまな現象が起こることも確かめられています。しかし、線虫の何がそのような現象を起こし、全身の枯れを起こすのかについては、未解明です。

2）クビアカツヤカミキリ

最近、サクラ類、ウメ、オウトウの樹幹内が虫に食われて穴だらけ状態になるという被害が、問題になっています。これは、クビアカツヤカミキリ（*Aromia bungii*、別名クロジャコウカミキリ、写真6-2）という、中国、モンゴル、朝鮮半島、台湾、ベトナムが原産の比較的大型のカミキリムシの仕

写真 6-2　クビアカツヤカミキリ雄成虫

体長 2.5 〜 4cm。全体は黒く光沢があるが、胸部は赤色です。6 〜 8 月に羽化・交尾・産卵します。樹皮下で卵から孵化した幼虫は、サクラ類等の樹皮から樹幹内に侵入して幹や根の材を食い荒らします。雌は千個以上の卵を持っています。
（写真：（国研）森林総合研究所　浦野忠久氏）

業です。我が国初の被害発生が見つかったのは、2012 年に愛知県のこととまだ新しいのです。筆者がこの虫を知ったのは、我が国 2 番目の被害が草加市で発生したと報道されたことからでした（松浦 2014b）。当地のサクラ類の被害がクビアカツヤカミキリによるものであることを突き止めたのは、なんと虫を専門としない加納正行さんという方で、ボランティアで小学生を対象に自然教室を開く活動をされていました。初夏の自然教室を用水の桜並木で行っていたところ、参加小学生の一人が見かけない虫を捕獲してきて加納さんに見せたそうです。加納さんはこの虫の名がわかる専門家を探しました。これにより、この虫が中国からの侵入害虫で、サクラ類に致命的な被害を与えかねない昆虫であるという生きた知識を得ることに結びついたのです。

　筆者はこの新しいサクラ類の害虫のことを会員誌『ツリードクター』21 号に投稿（松浦 2014b）して、会員に警戒を呼びかけました。しかし、本種のメスは多数の卵をサクラ類の樹皮のすき間に産みつけるなどとても強い繁殖力があります。そのうえ、孵化した幼虫は、人に気づかれることなく材内を食い荒らします。気がついたときにはすでに遅く、枯死・伐倒を免れない状態となっているのです。そのため、被害を警戒していても、侵入・拡大をくい止めることはできず、国内初の発見から 5 年で、すでに関西・関東合わせて 8 県で、サクラ類の街路樹などに被害が広がっています。

3）プラム・ポックス・ウイルス（PPV、ウメ輪紋ウイルス）

　日本人に実や花でなじみの深いウメが PPV に罹ったことが発表されたのは、2009 年の 3 月です。この年、東京都青梅市の梅園に日本で初めての被害が発生したのです。モモ、スモモなどの *Prunus* 属の植物に広く感染する深刻な植物

ウイルスであり、1915年にブルガリアで発見されて以来、欧州、アジア、北米、南米等で猛威をふるっていましたが、それまで国内のウメへの自然感染の報告はありませんでした。この病気はアブラムシにより伝搬される（写真6-3）ほか、罹病した苗木によっても広がります。この病気に罹ると、商品価値が失われたり、成熟前の落果により減収したりします。広がるのを防ぐため、病気になったウメの木を全伐したり、アブラムシの防除を徹底したり、無病健全な苗だけを使用するといった対策が取られます。2017年現在、東京都、愛知県、岐阜県、大阪府、神奈川県、兵庫県が特別防除地域に指定されています。

写真6-3　口針で葉から吸汁するモモアカアブラムシ　吸汁時にPPV粒子がウメに伝播されます。（藤川 2014）

　樹木をめぐるこうした状況において、樹木に寄り添って樹木の変化を調査、診断、保護し、樹木の健全育成を図ることを業務とするのが樹木医です。

4．樹木の健康と生命を守る

（1）樹木医

　樹木医資格は1991年に林野庁によって創設されました。当時、巨樹・巨木の保護が問題となっていて、巨樹・巨木を守る人たちとしての樹木医が認定されました。今は一般財団法人 日本緑化センターが資格登録事務を行う民間資格となっています。

　樹木医は言葉を発しない樹木の生理情報を集め、その情報を生かすことで、いかに樹木の健康と生命維持に手を尽くすかが問われます。樹木医は現在、巨樹・巨木に限らず街路樹や公園樹木等、樹木全般を扱っています。しかし、樹木の命を守ろうとしたら、樹木に関する知識は無論、診断・治療に関する説明責任を果たせるよう、高い志での研鑽、実務経験の修得が求められています。

（2）健康診断の道具

　葉からの蒸散で陰圧が生じると、根には吸水圧として伝わります。根から葉につながる水の流れを蒸散流といいます。この流れは樹幹内の水の流れですので樹幹流ともいい、蒸散をエネルギー源にして水の流れを作っています。しかし、それは音として人が識別できるものではありません。したがって、医者が患者の腹部に聴診器を当てて心音を聞いて診断するのと違って、樹木医は樹木の健康診断を聴診器では行いません。聴診器の代わりに持つのは樹木診断カルテで、枝の高さ・長さ・方位や外観での異常の有無を記録します。木槌で樹幹をたたき、空洞部がないか音診します。葉に微細な異常部位が生じていれば、虫メガネで観察します。病原菌の胞子堆の有無、アブラムシやダニなど微小昆虫の寄生の有無、病変の微細な特徴（表徴）から病変の正体を明らかにします。地面の糞探しも食葉害虫の寄生の有無を見る重要な視点です。

　手軽な道具が用いられる一方、通常は簡単に見られないところを診るためにさまざまな工夫がされています。例えば、巨木の高所の枝の変化を見たい場合、ドローンを使って空中撮影することで外観診断することも最近は行われてきています。また、樹木の最大の敵である腐朽菌によって樹体内が腐朽・空洞化しているかどうかを知るため、音波の伝達速度が健全部と腐朽部で異なることを応用して画像化し、樹幹内部を視覚的に診断する機器も用いられています。

（3）点検・診断に基づく樹木の保護処置

　どのような生き物も同じですが、樹木についても、できれば定期検診を行って予防的に活力の維持に気を遣うことが求められます。そして、定期検診で何らかの異常に気づいたら、科学の目で詳しく診断し、異常の原因を明らかにします。そして、その診断結果に基づいて健康回復の手段を講じます。

　治療に複数の方法が考えられるとき、どれが最も良い結果をもたらすかの知識の集積がないこともあります。そんなときには造園技術も参考にします。造園技術は、古くから庭師が樹木と向き合って経験を積み上げて得た技術のことが多く、科学的とはいえなくとも、実用性があります。そのような伝統技術も織り交ぜながら、早く、正しい診断で、薬剤防除、剪定、土壌改良などが正し

く処置されれば、葉は緑を保ち、大きく、数も多くなり、梢も伸長し、延命効果が得られるなど、目に見える形で応えてくれます。

5. おわりに

「樹木は言葉を発しないが、樹木と会話できたらいいな」とは誰しもが思うことかもしれません。しかし、実際にできるのは、科学的手段を用いて各樹木の「今」を調べることです。

樹木と人とがコミュニケーションを取るということは樹木を日常的に観察し、何らかの変調・異常をつかむことといえます。樹木の変調・異常の原因を明らかにしたうえで、樹木の健康・生命を守るため、正しく対処することが重要と考えています。

引用文献

浅井治海『樹木にまつわる物語 ― 日本の民話・伝説などを集めて』フロンティア出版、2007年、p.280

神谷昌志 修訂解説『遠江古蹟圖繪全』（原本：兵藤庄右衛門、1803年）明文出版社、1991年、p.469

近田文弘「能満寺のソテツ」171 沼田真編『日本の天然記念物』5Ⅲ、講談社、1984年、pp.186

矢野宗幹「長崎県下松樹枯損原因調査」『山林公報』第4号付録、1913年、pp.1-14

清原友也「マツノザイセンチュウの発見とその後の研究」『ツリードクター』21、2014年、pp.19-24

真宮靖治「第4章 マツ材線虫病発生のメカニズム」『松保護士の手引き』日本緑化センター、2007年、pp.53-72

松浦邦昭（2014a）「マツノザイセンチュウの防除薬剤」『ツリードクター』21、2014年、pp.60-65

松浦邦昭（2014b）「ウメ・サクラの新害虫 ― 中国からの侵入カミキリ、*Aromia bungii*」『ツリードクター』21、2014年、pp.109-120

藤川貴史「ウメ輪紋ウィルス（PPV）の脅威に対して」『ツリードクター』21、2014年、pp.80-84

第7章
山水草木

1. はじめに

　土浦市は、茨城県の南部に位置し、日本では琵琶湖に次ぐ広さの湖・霞ヶ浦の西端に位置します。全国一のレンコンの産地でもあり、四季折々の顔を見せるハス田が紫峰といわれる筑波山をバックに広がり、地元の人々が海と呼ぶ霞ヶ浦にはカワウ、カモ、サギなど多数の鳥が群れていて、とても風光明媚なところです。

　その昔は県庁所在地の水戸市に次ぐ、陸前浜街道の宿場町として栄えていましたが、数十年前、東京教育大学が筑波大学と名を変えて、土浦市に隣接する天王台に移転し、さらに日本有数の官民の研究所が集結する一大研究都市つくば市が誕生しました。これがきっかけで、土浦市からつくば市に人の流れがあり、人口は14万人と減少し、ショッピングセンターが閉店し、さらに秋葉原まで乗り入れるつくばエキスプレスが開通すると、駐車場スペースのほとんど無いJR土浦駅前付近の商店街は、あっという間にシャッター通りになってしまいました。

　筆者は、その土浦市の中心から2kmほど南の桜川にかかる土浦橋のそばに住んでいます。

2. 桜川周辺に息づく植物たち

(1) ジャコウアゲハの生命を支えるウマノスズクサ

　桜川は、土浦市から西へ40kmに位置する桜川市と、栃木県との県境にある鍬柄山から流れる沢の集まりから発する一級河川です。流路延長約64kmを有し、左に筑波山を見ながら田園地帯を抜けて、土浦市の虫掛あたりから市街地に入り、霞ヶ浦に注いでいます。

　桜が市の花で、虫掛から河口まで両岸に500本のソメイヨシノが植えられています。桜川堤は4月ともなれば満開の桜に色どられ、週末には花のトンネルの下、堤の若草の上に陣取り、お弁当を広げている人々の姿があちこちに見られます。青空の下に薄桃色の桜、待ちに待った春の到来を楽しみます。土手にはさまざまな若草に交じって、黄土色のつくしが一斉に顔を出します。

　退院したばかりで杖をついていた亡き夫がつくしご飯を食べたいと言うので、2人でつくしを摘みに行きました。土手の坂を夫ではなく筆者が転びそうになり、夫から杖を貸してもらったことや、つくしご飯のほろ苦い春の味が懐かしく思い出されます。

　4月の終わりになると、その土手の晴れ舞台に登場する役者は、黒い大きなジャコウアゲハです。ゆっくりと優雅に飛ぶ姿にはすっかり見とれてしまいます。ジャコウアゲハはその名のごとく、捕まえると芳香な麝香(じゃこう)の匂いを放つと

写真7-1　桜川堤
(左：4月、右：6月)

いわれています。縄張り意識も強く、土手を歩いているとまとわりつくようにひらひらとついてきます。一方、土手の晴れ舞台にひっそりと登場する植物がウマノスズクサです。ウマノスズクサは食べられると知り、散歩コースの両岸を探したことを覚えています。

　実は、このジャコウアゲハとウマノスズクサの間には、ある種のコミュニケーションが存在することがわかりました。ジャコウアゲハの卵はウマノスズクサに産みつけられ、幼虫から蛹(さなぎ)へとウマノスズクサを食べて成長するのです。ところが、夏も近づくと環境整備のためか、生い茂った草花が市役所の職員の手によって一斉に刈り取られます。ジャコウアゲハが住み着いていたウマノスズクサも例外なく刈り取られ、ジャコウアゲハの卵、幼虫や蛹が道路に放り出され、運が悪いと車に轢かれるという痛ましい光景があちこちで見られます。幸いにも生き残っていた卵、幼虫や蛹を夫が我が子のように抱え、我が家に連れて来ました。

　7階の我が家の狭いベランダは、お客さんのジャコウアゲハの幼虫に占領されてしまいます。夫はジャコウアゲハの食材のウマノスズクサを探して来てはプランターに植え、幼虫を育てていました。蛹が羽化する時は自ら吐きだした糸で体をしっかりした物に付着させます。運悪く落ちてしまった蛹は、夫がテグス糸を針に通してベランダのフェンスに繋いだりして世話をしていました。

　ウマノスズクサにはアリストロキア酸という毒性の物質が含まれていますが、ウマノスズクサを好物として幼虫の頃から食べて育ったジャコウアゲハは、その毒性物質に対して耐性機能を身につけているためか死滅することはありません。一方、耐性機能を持たない昆虫や鳥は、ジャコウアゲハを捕食すると生命に危険が及ぶことを学習していることから、ジャコウアゲハは身を守ることができるのではないかと考えられているようです。何ともうまくできているものだなあと感心します。

　ジャコウアゲハの幼虫の姿はお世辞にもきれいとはいえませんが、羽化する時は感動ものです。濡れた黒い羽を何度かバタバタさせて乾かし、ちょっと名残惜しそうに挨拶代わりに少し飛んでみせてから、河川敷に向かってひらひらと舞い降りて行きました。筆者は、「ウマノスズクサがすぐ見つかるといいね」

と言いながら見送っていました。

　我が家のベランダで繰り広げられるジャコウアゲハの誕生、七五三、成人式さらに巣立ちを、その成長を支えてきたウマノスズクサと共に毎年ハラハラ、ドキドキ、ワクワクしながら見守ってきました。

　まもなく遊歩道が設置されるそうで河川敷も整備され、ベンチなども設置されるとのこと、散歩する人たちにとってはとても良いことでしょう。でも、ウマノスズクサは、年に数回も大型の草刈機で丸坊主にされてしまい、不本意ながらもう生きていけなくなり、食草がなくなったジャコウアゲハもいなくなってしまうのでしょう。今までジャコウアゲハの命を支えていたウマノスズクサもさぞ残念だろうと思います。

（2）チョッキリムシとコナラとのコミュニケーション

　50年前に土浦市の20km南西に位置する常総市に、戦後の自然環境の悪化を憂慮する人々の中から動植物の観察・研究や子どもたちの教育の必要性を提唱する声があがり、地元の高校の先生、生物クラブの生徒OBの方々が「自然友の会」を発足され、動植物の調査記録を続けてこられました。

　会員は100名くらいで、夫は熱心な会員でしたが、筆者も時々参加させていただきました。毎年2月には、常総市内を鬼怒川と並んで流れている小貝川河原に生息する希少植物群落の保護に力が注がれてきました。

　絶滅危惧種のヒメアマナ、マイヅルテンナンショウやタチスミレなどを守るための活動が、会員の手で行われてきました。春に芽を出してくる草木が日陰のため、光不足になり枯死するのを防ぐために、河川敷の枯れ草刈りや野焼きが行われ、その結果の調査記録も整ってきました。月一回の例会は県内の里山、沼、雑木林、社寺林、河原などで行われてきましたが、年一回は県外にも出かけていました。

　その中でも特に印象に残っているのは、十一面山を散策したときのことです。十一面山（若宮戸山）は旧石下町若宮戸にある平地林で、山といっても堤防の代わりになる高さの里山です。また、十一面とは十一の顔をもつ救済者としての十一面観音菩薩が祭られている観音堂に由来しているようです。

常総市の西を流れる鬼怒川は、遠く栃木県・北西部の鬼怒沢山に発し、長さ177kmで千葉県野田市の辺りで利根川に合流します。上流には川治温泉や鬼怒川温泉など、有名な温泉があります。鬼怒川が流れる常総市の旧城下町石下町辺りにある里山が十一面山です。専門家による調査によれば、十一面山近辺には11種、1,460の動植物が生息しているとのことです。

　十一面山のふもとにある観音堂の駐車場を出発し、第二次世界大戦におけるインド・インパール作戦で戦死された、地元の数百名の方々や軍馬を慰霊するパゴタ（仏塔）に手を合わせ、砂地のアカマツ林の中に歩を進めました。

　ご案内いただいた先生は、自然友の会の2代目の会長さんでした。昔、海軍にいらしたそうで、ご高齢でいらっしゃるのに背筋がピンとされた、帽子も眼鏡もよくお似合いのダンディな方でした。自然のことは何でも知っておられるようで、参加者の木や虫などの質問に対して、生物学的なことだけでなく、万葉集、漢詩や日本史などからも引用され、深くお話をしてくださいました。参加者の方々には同年代の方も多く、筆者もメモ帳やカメラ片手で先生のお話をとても熱心に興味深く聞いておりました。

　縄文海進（縄文時代に、海面の上昇によって陸地の上に海が広がったこと。海進は、氷期と間氷期の交代で海面が変動することにより起こる）の頃、この一帯は海辺だったそうで、戦後の高度成長期以前には白砂青松の河畔砂丘林だったという面影を残しております。アカマツ、コブシ、コナラなどの林を歩いているときに、大風が吹いたわけでもないのに、地面に小枝のついたドングリがたくさん落ちていましたので、先生に質問しましたら「チョッキリ虫の仕業です。チョッキリ虫はコナラ等の若い実に穴をあけて産卵しますが、その実が熟してしまっては毒になってしまうので、小枝を噛み切って枝ごと地上に落とし、実が熟さないようにして幼虫のえさを確保するのです。そして、その幼虫は蛹になるときに土の中にもぐるのです。チョッキリ虫は自分の卵から蛹になれる条件を満たしてくれるドングリの実に命を託すのです」とご説明くださいました。虫が生き抜くために特定の植物の助けを求めたり、自分では動けない植物が種子を鳥や風で運んでもらって子孫を残したりするという、自然界の不思議さに感動したことを今でも鮮明に覚えています。

その日はバッタの観察会もありました。皆さんと一緒に歩きながら「バッタは昔はもっといましたよね」とか「小学校では皆でイナゴ取りに行きましたよね」と昔を思い出しながら話をしました。
　筆者は幼い頃、イナゴが大の苦手で捕まえることができなくて、友だちに捕ってもらったことを思い出しながら、バッタを探しました。道シバやエノコロ草の茂っているところを恐々と探すと、クルマバッタ、クルマバッタモドキ、オンブバッタ、キチキチバッタやクチベニバッタを見つけることができました。クルマバッタは先生が羽を広げて車の模様を見せていただきました。筆者は相変わらずバッタが苦手でしたが、クチベニバッタをよく見てみると、あたかも口紅をつけているように見え、かわいい顔をしていてバッタも好きになりました。
　半日間でしたが、里山の自然の中を草木や虫の生態などを一つひとつ丁寧に教えていただきながら、小鳥のさえずり、木の香り、松林を通り抜ける風等々、日常生活から離れ、自然の中に身をおくことによって何とも心が癒されることを感じることができました。まさしくアロマセラピーでした。
　自然と親しみ、草木、虫や鳥などと一体となることが、自然保護の基礎であるという考えから自然友の会が発足されたと伺いました。会員の方々はこのことを心にとめて、次の例会での再会を口にされていました。

（3）自然と私たち

　当時、テレビで連日のようにその惨状が映し出されておりましたので、読者の皆さんも記憶に新しいことと思いますが、自然堤防として、私たちの生活を支えてきた十一面山は、2015（平成27）年9月10日の集中豪雨によって決壊し、鬼怒川の大洪水となり、常総市東側の全流域が水没しました。
　日本経済の高度成長期のころ、川砂が大量に採取されて東京方面に運ばれ、石油、ガスの普及によって、里山は薪炭林（しんたん）としても必要とされなくなり、桑畑や野菜畑も放置され、荒れ放題になってしまった十一面山。この十一面山を13年間にわたって、有志の方々が不法投棄物の撤去に加え、マツ、クリ、コブシやサクラ等の植樹、野鳥・植物の保護、自然観察等に尽力され、徐々にク

リ拾い、キノコ刈り、野鳥の巣箱かけといろいろなイベントが行われるようになりました。さらに、自然観察会ではオオタカ、ノスリ、アカゲラの姿を目にしたり、カブトムシやクワガタ採りの親子の姿も見られるようになりました。こうして、十数年もかけてようやく回復した自然環境が、今度は大洪水のために一瞬にして流されてしまったのです。

　あれから3年余り過ぎ、先日娘と孫を連れて十一面山に行ってきました。パゴタの塔の辺りに少し河畔砂丘の面影が残っていましたが、荒れた砂地を歩くとクリの朽ちたイガがあちこちに落ちていたのにクリの木は一本も見当たらなく、生き残ったアカマツも幹の下の部分は灰色になっていて無残な有り様でした。孫の「かわいそうな里山」という言葉が身にしみました。

　そして新堤防の強靭化工事が始まって、目の前には大型のブルドーザーが入り、砂と砂利だけの空き地が続き、工事関係者の休憩所と駐車場があるだけです。これからどんな景色になるのだろうかと思っていると、鬼怒川の対岸の雑木林に何事もなかったかのように夕日が落ちていきました。しみじみ、あの懐かしい、やさしく、温かい自然が蘇ってくることを祈らずにはいられません。

（4）心が和むソメイヨシノを学ぶ

　今、7階の我が家で本原稿を書いておりますが、ふと外を見下ろすと、なぜか昔の光景が脳裏に蘇ってきました。桜川一帯に広がっている薄桃色の雲のような桜"桜雲"の隙間に、春を待ちわびて桜見物に集まった人々の姿です。しかし、現在の光景はすっかり変貌してしまいました。昔は、土浦橋と銭亀橋の100mほどの土手にたくさんの桜の樹木が枝と枝を重ね合わせるように茂っていましたが、現在は3本しか残っていません。

　桜川土手のソメイヨシノは1940（昭和15）年に皇紀2600年を記念して植樹されたそうですから、樹齢79年ほどになります。老木になって太い幹に穴が空き、そこから水が入ったので腐敗していまい、危険なため切り倒されたと聞いたことがあります。そのほか、車の往来が激しくなったことによる大気汚染も影響したのでしょうか。桜の花の色も年々くすんできているような気がします。

本原稿を書くことがきっかけとなって、日本人の心に安らぎを与えてくれるソメイヨシノについて調べてみようと思うようになりました。昔の女学校時代に戻った感じです。

　ソメイヨシノの起源は、江戸時代にエドヒガンザクラ（江戸彼岸桜：母）とオオシマザクラ（大島桜：父）との交配によって生まれたそうです。自分自身では増えることはできず、交配という性質上、接木や挿し木で増やさなければ、この世から姿を消してしまう運命だといいます。ソメイヨシノの寿命は60年といわれていますが、人の手によって樹齢100年を超えているソメイヨシノもあるということです。日本一のソメイヨシノで有名な青森県の弘前公園には、弘前市が樹勢回復に熱心に力を尽くした結果、日本最高樹齢130年のソメイヨシノをはじめ、樹齢60年以上ものソメイヨシノが1,750本も息づいているそうです。

　我が土浦市にも、樹齢110年のソメイヨシノがあります。それは市立真鍋小学校の校庭に、1907（明治40）年、校舎新築記念に植えられた5本のソメイヨシノの巨木です。この学校では全国でも珍しく、実に微笑ましい伝統行事が毎春繰り広げられます。小学校の歴史そのものであるソメイヨシノの樹木の下、学童間で交わされる心温まるコミュニケーションです。薄桃色の花が咲き誇った伝統あるソメイヨシノの下を、上級生が新1年生をおんぶして歩くという行事です。緊張している新1年生が、頼もしい上級生と伝統ある大きな桜の木に見守られて登校する様子は、何とも微笑ましい光景です（写真7-2）。

写真7-2　上級生が新入生をおんぶして歩く伝統行事を見守る、樹齢100年を超えるソメイヨシノ（写真提供：土浦市立真鍋小学校）

日本人の心を和ませる桜が、我が故郷の地、真鍋小学校の入学式や桜川土手の晴れ舞台にこれからも永久に登壇し、演じてくれることを念じております。

3. 私たち人間の生活を支える植物たち

ここまで、筆者の故郷の里山を中心に、植物と昆虫も含め、私たちとのふれあいを紹介してきましたが、ふと、もし植物が突然この世から姿を消したらどうなるか、以下に想像してみました。

建物の外に出てまず目に入ってきたものは、色彩豊かな街路樹や草花、さらにあれほど厄介者とさえいってきた道端の雑草さえも消えてしまって、無味乾燥な家々や高層建築物だけの殺風景なモノトーンの世界です。

次に今晩の食材を求めて近くのスーパーマーケットに入ったら、昨日まで野菜や果物の入っていたケースは空っぽ。鮮魚や肉類のケースには張り紙がぶら下がっています。「本日入荷した品はすべて売り切れました。なお、今後の入荷の見通しはつきませんのでご了承くださいますように」と書いてあります。そういえば、魚介類の食物連鎖のはじめは植物プランクトンでした。牛、豚やニワトリの餌の中心は干草や穀類です。なるほど植物が姿を消したら、私たちが食べているほとんどの食べ物がなくなるということです。ただし、工場で合成される製品だけは販売されるようです。これでは家の冷蔵庫に保存してある食材がなくなったら、合成食品を摂らなければ生きていけないことになります。

すっかり落ち込んで家に戻り、椅子に腰をかけテーブルに両手をついたら、あれ、この木製のテーブルや椅子は植物を材料にしているので、将来古くなっても買い求めることはできないことに気がつきました。傍らにある新聞、書籍、障子や襖、それに木綿や絹製の衣類も手に入らなくなります。がっかりして、ビールでも飲んで元気を取り戻そうと冷蔵庫の扉を開けたら、ビールがありません。昨晩ビールを飲み干したことを思い出しました。ビールの原料も植物でした。もう、ビールが飲めなくなります。コーヒー、お茶、日本酒、焼酎、ワイン、ウイスキーも例外ではありません。いつの日か、飲食物が無機物質か

ら工場で製造されるのを待つしかありません。

　それでも不自由さを感じながら数年経ちました。テレビをつけたら「植物が姿を消したため、大気汚染が激しくなり地球上の人類を含めた生き物の生存の危機」が報道されていました。そういえば、植物は光合成によって太陽からの光のもと、水と大気中の二酸化炭素を取り入れてエネルギー源である炭水化物をつくり、酸素を放出することを生物の授業で習ったことを思い出しました。植物は地球上の大気汚染を防ぎ、自然環境保全に重要な役割を果たしているのです。

　このように、私たち人間は植物の生存なしでは生きていけないのです。しかし、普段、植物の重要性を考えながら生活している人は少ないのではないでしょうか。植物に畏敬の念を持ち、植物の囁きに耳目を傾ける必要があるのではないか、と自戒しつつ筆を置きたいと思います。

第8章
教育現場における生徒と植物

1. はじめに

　筆者が鹿児島大学大学院理学研究科修士課程を修了した後、市内にある私立の鹿児島純心女子中学・高等学校（写真8-1）の理科の教員として奉職したのは1991（平成3）年の初春でした。

　本校は創立後八十数年を経た歴史と伝統のあるカトリックの学校で、その歴史は1933（昭和8）年「聖名高等女学校」に始まります。戦争によりカナダ人修道女たちが帰国を余儀なくされましたが、これを邦人修道会である長崎純心聖母会が受け継ぎ、現在に至ります。

写真8-1　鹿児島純心女子中学・高等学校　玄関

　長崎純心聖母会創立者のシスター・江角ヤス先生は、1926（大正15）年、当時唯一女性に門戸が開かれていた東北帝国大学理学部数学科を卒業。その後、京都府立第一高等女学校、雙葉高等女学校の教諭を経て、1930（昭和5）年には女子教育視察のためフランス・イギリス・イタリアへ留学されます。シスターはヒマワリの花の種の並び

方など自然界に存在する規則（フィボナッチ数列）に興味を持たれ、「明日は炉に投げ入れられる野の草さえ、神はこのように装わせてくださる。理科の知識が深ければ深いほど、神さまの存在がわかるでしょう。だから勉強しなさい」と話しておられます。

1945（昭和20）年、長崎への原爆で愛する教え子たち214名を死なせてしまったシスターは、学校を閉じ、余生を教え子たちの冥福を祈って過ごすことも考えますが、"平和を愛する生徒を育てよう"との思いから、原爆後の学園を復興されました。

鹿児島純心女子中学・高等学校は、創立者シスター・江角ヤス先生の精神を大切にし、カトリック的人生観に基づき、聖母マリアを理想と仰ぎ、高い知性と豊かな教養に富む女性の育成を目標としています。"マリアさま　いやなことは私がよろこんで"を学園標語とし、毎日聖歌を歌い聖書の朗読を行っています。同世代の高校生と比較し、思いやりがあり、他者に対する気配り・奉仕のできる生徒が多い高校です。

2. "植物の知恵"の仕組みの謎解きを通した植物とのコミュニケーション

筆者は鹿児島大学理学部生物学科に入学間もなく"植物の知恵"の謎解きの研究を生物学だけでなく化学の見地からやっておられた教養部生物学教室の教授・長谷川先生（本書の編著者のお一人）の研究室に同級生数名と共に出入りさせていただき、1年生からさまざまな研究実験を行っていました。特に、植物の環境応答現象として高校の生物の教科書にも詳述されている"光屈性"（写真8-2）

写真8-2　トウモロコシ芽生えの光屈性
トウモロコシの芽生えに右側から光を当てると光の方向に徐々に屈曲していく様子。（高校生物部の実験で撮影）

の謎解きに夢中になって研究を続け、教科書に記述されている学説に代わる新たな学説の提唱につながる数々の研究成果を著名な国際学会誌に発表したことが評価され、その後、筑波大学から博士の学位を授与されました。

さらに、2015(平成27)年筑波大学で開催された「第5回植物生理化学会シンポジウム」では、学会賞を受賞いたしました。大学入学時から今日まで、植物とさまざまなコミュニケーションを交わしてきたということです。

3. 学校教育における植物との関わり

筆者は、鹿児島純心女子中学・高等学校で理科の教員として二十数年「理科をおもしろいと感じ、興味を持つ生徒を増やすこと」をモットーにして授業を担当してきました(写真8-3)。これまでに送り出した生徒の中には、生物学に興味を持ち、理科の教員になった生徒、生物学を深く学べる学部として医学部に進学した生徒など、ある程度の目標を達成できたと感じています。そして、何よりうれしいのは「先生の授業で生物が好きになった」「楽しくてわかりやすい授業だった」と生徒からの声を聞くことです。これからも、理科が苦手な生徒にも興味を持ってもらうことを肝に銘じて、日々授業に取り組んでいきたいと思っています。

また、本高校に奉職直後から十数年、本高校の生物クラブの生徒たちと一緒に「生物の教科書」の中で掲載されている「環境と植物の反応」に関連した"光

写真8-3 授業の様子

屈性"について研究実験を行い、さまざまな研究会でその研究成果を発表してきました。高校の先生方の光屈性に対する関心は高く、2008（平成20）年に鹿児島で行われた第47回九州高等学校理科教育研究会九州大会では、鹿児島県の理科部会より要請を受け、「芽生えの観察を通して、光屈性を考える」というテーマで意見発表を行いました。当時、第一学習社の教科書に「光屈性の原因の再検討」としてブルインスマ・長谷川説が掲載されたこともあり、質疑応答を含め、高校の先生方に大きな反響がありました。また、本高校の生徒たちも、光屈性に関する実験を通して、動かないと思い込んでいた植物が、環境に応答することに驚き、その後はさらに興味を持って授業に取り組むようになりました。そのときの生徒の感想文をいくつか紹介します。

　　今まで見たことがなかったので、本当に光の当たる方に曲がるのか半信半疑だったが、すごくきれいに曲がっているのでびっくりした。他の植物の光屈性も気になるから、いろんな植物で実験してみたい。つる植物はどうなるんですか？
　　　　　　　　　　　　　　　　　　　　　　　　　　　　　　　　（Aさん）

　　光を当てた植物と暗所で育てた植物でこんなに成長が違うとは驚いた。カイワレ大根やもやしの作り方の違いがこの実験でわかった。私はもやしが好きなので、自分で作ってみたい。光を当てない葉っぱは黄色だった。植物は自然の条件しだいで反応が変化するのでおもしろいと思った。
　　　　　　　　　　　　　　　　　　　　　　　　　　　　　　　　（Bさん）

　　教科書には答えが1つしかないように書かれているが、本当は他の答えもあるし、間違いが載っていることもあるのだろう。教科書も大切だが野外に出て、また実験を通して自分たちで答えを見つけだし、答えを選択したい。光は植物にとって大切なものなので成長抑制という言葉はあまり好きではない。
　　　　　　　　　　　　　　　　　　　　　　　　　　　　　　　　（Cさん）

　以上のように、「植物の芽生えを暗所で育てる、または光を照射して育てる」といった簡単な実験ですが、生徒に与えるインパクトは大きく、植物に対する考え方が大きく変わります。さらには生徒の探究心を引き出すことにもつながります。ゆとり教育の見直しで、実験を行うゆとりも失われつつある現状ですが、是非とも行いたい実験の一つとなっています。
　また、2011（平成23）年には植物生理化学会の前身である「植物生理科学

写真 8-4　高校生による花束贈呈

シンポジウム」を、筆者が実行委員長として鹿児島大学で開催しました。当日は、大阪府立大学大学院教授の上田純一先生らの「宇宙植物科学研究の最前線 — NASA における STS 植物宇宙実験と地上基礎研究を中心として」と筑波大学名誉教授の長谷川宏司先生の「植物の運動・光屈性のメカニズム — 従来の仮説を覆す鹿児島発の新仮説」の講演に、全国の大学、高校、官民の研究者をはじめ、出版および報道関係者など多くの参加者に交じって、本校の生徒も数名参加しました。著名な先生方の講演を目の前で拝聴でき、さらに講演後、緊張しながら上田先生や長谷川先生と何か言葉を交わしていた姿（写真8-4）は今でも誇らしくも懐かしく思い出されます。

4. 植物の授業を通して学んでほしいこと

　地球生態系の中で植物は、動物や菌類など多くの生物の食物や生息場所となって、人類を含めたすべての生物の命を支える大きな存在です。高校教育「生物」の授業においても植物分野は大きなウエイトを占めており、生物学の概念を理解するうえで重要な項目です。

　現行の学習指導要領では、高等教育「生物」の教科書は2単位科目である「生物基礎」と4単位科目である「生物」の2科目に分かれており、「生物基礎」を履修した後に「生物」を学ぶカリキュラムとなっています。先に述べた光

屈性は、4単位科目「生物」の〈植物の環境応答〉の単元で扱われており、文理選択で文系を選択した多くの生徒、また理系でも「物理」を選択した生徒は〈植物の環境応答〉を学ぶことなく高校の課程を修了します。ここでは、多くの高校生が履修する「生物基礎」の授業において工夫している点を簡単に紹介します。

「生物基礎」では生物学の導入として、まず最初に「生物の共通性と多様性」について学びます。面識のない初めて出会った生徒に対する授業、そしてこれからの高等学校の学習で「生物がおもしろい、勉強したい」と興味・関心を持たせるために最も気を遣う授業です。

高校生活がスタートし、クラスの友人関係を築いていく時期でもあるので、最初の数回の授業はグループ学習を行っています。グループを作り、「多様な生物」ということで、できるだけ多くの生物の名前を挙げてもらい、それをグループごとに発表させます。イヌ・ネコ・サクラなど身近な動・植物をはじめ、20mを超えるシロナガスクジラから0.3μmほどの大腸菌まで、さまざまな生物の名前が挙がります。多くのグループで植物よりも動物の名前の方が多い傾向がありますが、なかには植物の名前がまったく出てこないグループもあります。そこで、朝起きてから登校するまでに出会う生物、例えば朝食の食卓に並ぶ生物を考えさせると、イネ・ダイズ・トマト・コムギなど植物の名前が挙がってきます。

以前に行ったアンケートでも、動物園・水族館・植物園を訪れた多くの生徒が、「動物園・水族館に比べると植物園のインパクトは弱い」と答えています。町中で育った子どもたちは、人間の生活が植物によって支えられていることを理解していても、実感できていないようです。また、「植物は重要な役割を持っているが、あまり印象に残らず、空気のような存在」と答えたアンケートも見られました。

授業では、ホイタッカーの提唱する五界説の生物が出そろった段階で、それぞれの生物の特徴や生活スタイルについてグループごとに話し合いをさせます。「移動できる生物、できない生物」「水中で暮らす生物、陸上で暮らす生物」「他の生物を食べる生物、食べない生物」など、多様な生物の共通点や相

違点を確認する作業を、生徒は楽しみながら能動的に行っています。授業が盛り上がっているところで、次の授業では多様な生物に共通する基本的特徴を学ぶことを予告し、最初の授業を終わります。

　生物の多様性を確認した次の授業では、生物の共通性について考えます。生物の共通性として「細胞構造を持つ・エネルギーを必要とする・子孫を残す・進化する・体内環境を維持する・外界の刺激に反応する」など教科書にある模範解答を述べる生徒、それ以外にも「分裂する・コミュニケーションをとる・地球で暮らす・成長する・生まれて死ぬ」など、さまざまな生物の共通性が各グループから挙がります。

　それぞれの項目が「生物の共通性」として妥当か否かグループで話し合いをさせ、その結果を発表させると、植物がコミュニケーションをとることに関して懐疑的な意見を述べるグループも出てきます。

　コミュニケーションに関して、少々「生物学」から離れますが、今の高校生はSNS等によって人間関係にトラブルを生じることが少なくありません。Twitter、Facebook、LINE、mixi、Instagramなどによって、私たちのコミュニケーションは簡単に、より多くの人と楽しめるようになりました。その一方、相手の表情も見ずに書き込むためか、通常の会話では考えられない相手を傷つける言葉や強気な発言、また相手には伝わらないと思い込んで悪口を書いたら広まってしまった、など手軽であるがゆえに実際の生活では無意識に行っているコミュニケーションのマナーが守られないこともあります。また、昼夜を舎かず情報が発信されるので、生活のリズムを崩す生徒もいます。20年前には存在しなかったコミュニケーションツールではありますが、これからの社会・世界を生きていく高校生には、必要不可欠なツールであり、教師もその使用法やマナーについて、ある程度の知識が必要な時代となっています。筆者は、そのような現実を考慮しながら、授業を行っています。

　高校生の考えるコミュニケーションは、「会話」など人間同士のコミュニケーションが中心で、言葉を発しない植物にコミュニケーションは存在しないと考える生徒もいます。そこで、言葉を使わないコミュニケーションの例として、「ホタルは何のために光を発するのか」と問いかけると、生徒は生物のコ

ミュニケーション手段が多様であることに気づきます。また、異種生物間のコミュニケーションとして、「きれいな花や色や香り・蜜は何の役割を持っているのか」と問うと、すぐに「ミツバチを誘って、花粉を運んでもらうため」と、植物と昆虫の間にコミュニケーションが存在することにも気づきます。人以外の生物間に存在するコミュニケーションについて考えさせると、「イヌのしっぽ（感情を人に伝える）」や「柿が熟れて赤くなる（食べてのサイン）」などグループ内でいろいろな例が出てきて、話は尽きません。

　授業の締めくくりは、教科書に記載してある「生物の共通性」を再確認し、さらに「生物はよりよく生きるためにコミュニケーションを行っている」ことを説明し、人もよりよく生きるためには、「コミュニケーションが大切である」ことを伝えます。

　植物は生きるために光合成を行っていますが、よりよく生きるために化学物質を用いたさまざまなコミュニケーションを行っています。人間関係においてもお互いの違いや個性を認め合い、お互いを尊重した良好なコミュニケーションを持つことが、よりよく生きるために必要であること、そしてこれからのグローバル化・情報化が進む社会において重要であることを理解してほしい、そう思いながら本章のような授業を行っているのです。

5. 課外活動における農業体験

　純心聖母会の創立者であるシスター・江角ヤス先生は「あなたたちは将来、大事な自分の子どもの教育にあたるのだから、植物を通して"育てる"ということの意味を教えてもらいなさい」と話しておられます。

　鹿児島純心女子中学・高等学校では勤労体験学習として錬成会を長年実施しています。錬成会は江角ヤス先生が、カトリック理念に基づく奉仕の精神により心身ともに健全な女性を育てるために、教育の柱の一つとして始められたものです。クラスごとに一泊二日の日程で団体生活をしながら基本的な生活および建学の精神を学び、奉仕活動や畑での農作業を通して、普段の学校生活・授業とは異なる環境の中で勤労の尊さを学びます。錬成会の目的と意義は、次の

5つです。

① キリスト教の理念に基づく奉仕の精神を育成する。
② 知・徳・体の調和のとれた豊かな人間を育てる。
③ 共同生活を通して自己の生活習慣を見直し、将来、社会人として必要な協調性、社会性を養う。
④ 作業の体験を通して、友達との協力関係、及び先生方との交流を深め、あわせて働く喜びを学ぶ。
⑤ 本校の歴史と精神を正しく理解し、実行する。

また、モットーとして、「自然に恵まれた地で、共に生活し、共に汗を流し働きながら、クラスや先生方との親睦を深める。互いに助け合い、協力することのすばらしさを知り、労働と進んで人のために奉仕する喜びを学ぶ」という心構えを大切にしています。

錬成会の内容としては、校長講話、教頭講話、施設に送る清拭用の雑巾縫い、朝のロザリオの祈りでは世界平和へ祈りをささげています。また、食事も学びの場であり、配膳や食器洗いを通して生活習慣を身につけます。

野外の作業では、ダイコン、タマネギ、ニンニク、サツマイモ、ジャガイモ、ラッカセイ、ウメ等の栽培に取り組んでいます。クワで耕し畝を立て、施肥、種まき、苗植え、間引き、除草、収穫とさまざまな作業を生徒たちの手によって行っており、春にタケノコを収穫する竹林では、秋冬の間にタケの間引き等の管理を行います。スギ林の中でのシイタケ栽培は、冬に原木にドリルで穴をあけ菌打ちを行っています。

収穫物は、錬成会の食材として活用しています。鍬（くわ）を初めて持った生徒もいますが、土に触れ、農作物のできる過程を学ぶ貴重な体験です。毎日食卓にのぼる食材が、多くの手を経て提供されていること、食物の大切さを感じてもらいたいと思っています。

2017（平成29）年に植えたトウモロコシ（写真8-5）は、収穫の直前でイノシシに食べられてしまい収穫できませんでしたが、農作業を通して農家の人の苦労、そして食の有り難さを学べました。鹿児島では、祖父母が育てた野菜

写真 8-5　錬成会　トウモロコシを植えるために、鍬で耕し畝を立てる

や米などを頂いている家庭が意外に多く、大変な苦労をして育てた野菜をくださった祖父母への感謝を口にする生徒もたくさんいます。また、植物を育てることの楽しさに気づく生徒もいます。

　一泊二日の間、畑作り、草取りなど、きつい作業も多いですが、植物を介して共に働いているためか、生徒は不平不満も言わず一生懸命働いています。また、学校での授業と異なり、生徒と教師の距離も近く、錬成会を終えるころにはクラスの団結も強くなっています。植物に触れることで精神的な安定を得ていることも、錬成会の成果の一因であると思われます。

　教科書を通して学ぶ植物、農業体験で触れる植物、いずれも人間の生活を豊かにする重要なものです。これからも植物を通した学びを大切にしていきたいと思います。

参考文献

東郷重法「大根の中で桜島大根は太っているのに、守口大根は細長いのはなぜでしょうか」「種なしスイカや種なしブドウはどのようにして作るのでしょうか」長谷川宏司、広瀬克利編著『博士教えて下さい　植物の不思議』大学教育出版、2009 年、pp.182-188

東郷重法「高校生物教科書の現状と問題点」長谷川宏司、広瀬克利編著『最新　植物生理化学』大学教育出版、2011 年、pp.1-22

東郷重法「高校理科教育について」長谷川宏司編著『「教え人」「学び人」のコミュニケーション』大学教育出版、2016 年、pp.29-36

終　章
「プラント」による、ある科学者へのインタビュー

　私たち植物は自らの意志で生活の場所を移動することができないことから、自然環境の変化を鋭敏に感受し、生命の維持や種の繁栄を図るためにさまざまな"知恵"を具備しています。この私たちの"知恵"の仕組みの謎解きに、およそ半世紀もチャレンジしてきたある科学者（Aさんと呼ぶことにしましょう）に植物との出会いについて、植物の代表として私（プラント）がインタビューしましたのでご紹介します。

1. ナガイモ

プラント：Aさんが私たち植物の"知恵の謎解き"の研究で最初に出会った植物は"ナガイモ"と聞いていますが、その時の経緯をお聞かせください。

Aさん：ナガイモの根をすりおろした"とろろいも"は私たち人間にとって滋養強壮に効き、さらに食感もよく人気の食材です。でも、私が研究に用いたのはナガイモの根ではなく、地上部の蔓に着いているハート型の葉の付け根にできる小さな芽（むか

写真終-1　ナガイモのむかご
（写真提供：丹野憲昭山形大学名誉教授）

ご）です。むかご（写真終-1）は夏の初めに着生し、徐々に大きくなり、晩秋には2cmぐらいに肥大し、枯れ葉と共に落下します。このむかごは極寒の冬を越すために、動物の冬眠に相当する"休眠"に入ります。いったん休眠に入ったむかごは、冬（低温）を経験しない限り休眠から醒めず、翌春の温暖な気候になってから発芽するといった"知恵"を持っているということです。ちなみにむかごは、地方によっては"いもご"といわれ、蒸したり、油で炒めたりして食べるそうです。結構おいしいとのことです。

プラント：Aさんはその"いもご"、いや、ナガイモのむかごを用いてどんな研究を行ったのですか。

Aさん：植物生理学の分野で世界的に大変著名な東北大学理学部教授の長尾先生から博士論文のテーマとしていただいたのが「ナガイモむかごの休眠物質に関する研究」であり、むかごの休眠を制御する化学物質の正体を解明することでした。

　　長尾先生について少しお話させていただきますが、毎年新学期に入りますと、講座に入ってくる4年生や大学院生に対する歓迎会は大学近くの居酒屋で行われるのが普通ですが、長尾研究室の場合は、皆で郊外の小高い野山に汗をかきながら登り、頂上で談笑しながら飲食をすることが恒例でした。恐らく、長尾先生は登頂に際し、学生に新緑の息吹を肌で感じさせ、生きていることの尊さを学ばせ、植物に対して畏敬の念を抱き、植物と良好なコミュニケーションを構築していくことこそ、これから先"植物の知恵"の謎解きに挑戦するために必須であることを教えられたかったのではないか、と恥ずかしながら最近になって気づきました。

プラント：Aさんにとっては、まさに日本を代表されるレジェンドの先生のもとで研究ができたということはいろいろな面でとても幸運であったということですね。ところで、その休眠を制御する化学物質に関する研究で苦労されたことがたくさんあったことと思いますが、ご紹介ください。

Aさん：研究そのものが大好きでしたので、研究で苦労したことはありませんが、ナガイモを大量に栽培している仙台市郊外の農家の方の許可を得て、定期的に葉の付け根に着いているまだ数mmの小さなむかごや、肥大・成長

したむかごをナガイモの体から手でもぎ取るときに、ナガイモの悲鳴が聞こえてくるようで暗い気持ちになったことを今でも覚えています。だからでしょうか、今でも"とろろいも"には箸が向きません。

プラント：そのとき、ナガイモとある種のコミュニケーションを感じたということですね。ところで、Aさんの研究はうまくいったのですか。

Aさん：ナガイモむかごの休眠を制御する化学物質を見つけることはできましたが、その化学構造を解明することは当時の東北大学では困難であったことから、東京大学の橋本先生（後、神戸大学・教授）の研究室に拠点を移し、さらに理化学研究所で猛烈に実験した結果、休眠物質（バタタシンと命名）を3種類取り出し、それらのうち、2種類の化学構造を解明することができました。いずれの物質も新規でした。これらの研究成果をまとめた博士学位論文が評価され、理学博士の学位を取得しました。

プラント：研究がうまくいき、博士号を取得されたとのこと、めでたし、めでたしですね。ところで、東京大学で猛烈に実験した結果といわれましたが、具体的にはどんな研究生活を送っていたのですか。

Aさん：実験は毎日、朝8時から始め、翌日の午前2時頃まで行っていました。睡眠時間が4時間程度であったせいか、身長は174cmでしたが、体重は50kgあるかないかでやせ細っておりました。でも、苦に思ったことはありませんでした。

2. 桜島大根

プラント：Aさんは博士号を取得後、鹿児島大学に赴任されたと聞いていますが、Aさんの前に現れた植物は何ですか？

Aさん：私は以前、地方大学に就職された先輩たちが、1年目は大学院での研究成果を学会誌や学会に発表できますが、2年目には研究環境が貧弱な地方大学では以前のように研究を続けていくことが困難になり、学会に出席することが恥ずかしくなり、研究者としてのポテンシャルを失ったのを見てきました。旧制帝大に負けない研究を行うためには、その地方でなければできな

い研究テーマを考えなければならないと思ったのです。そこで浮かんだのが、鹿児島特産物の桜島大根（写真終-2）でした。

プラント：桜島大根といえば、今でも噴煙を上げて、時には大噴火によって桜島火山の灰が鹿児島市内に降り注ぐ様子がテレビで報道されますが、その火山灰からなる土壌や温暖な気候で栽培されることから、あの丸々とした巨大な大根が育つといわれている大根ですね。確かに桜島大根は鹿児島でなければ簡単に手に入らない植物ですが、その桜島大根を実験植物として考えた研究テーマは何ですか。

Aさん：私は赴任直後の休日に、観光バスで桜島に向かいました。バスの窓から、桜島南岳上に立ち上る噴煙を眺めていると、桜島大根のように色白でふっくらしたお顔のバスガイドさんの明るい声が耳に入ってきました。鹿児島が世界に誇る「シマデコン」つまり、桜島大根について説明されていました。「桜島大根は、ある程度まで伸びると桜島火山の地下溶岩に触れて、熱い熱い、これは火傷をする。大変だ、とばかり、縦の成長を止めて、横に成長するので太くなるのです」。私は思わず微笑みながら何ともユーモラスな夢のある話だと思いました。ガイドさんはさらに「しかし、桜島大根があれほど大きくなる本当の秘密は、桜島特有の火山灰地にあります。これは桜島以外ではとれず、遺伝学者にも不思議がられているそうです」。話の前半の部分はともかく、火山灰地うんぬんのくだりが、バスを降りてからも、私の心に引っかかったのです。

桜島大根は本当に桜島でなければ肥大しないのかどうか、肥大には何か特殊な成長ホルモンが関与しているのではないか、と考えました。

そこで、物は試しとばかり、新発田市（新潟県）と仙台市の

写真終-2　桜島大根
（写真提供：らでぃっしゅぼーや株式会社 HP「野菜・果物いろいろ大図鑑」）

農家に桜島大根の種子を送り、実験的に栽培してもらうことにしました。

プラント：結果はどうでしたか？

Aさん：新発田では積雪のため、本来なら猛烈に肥大し始める11月の末に収穫してしまったせいで、実験は失敗に終わりました。それでも聖護院大根より少し大きめのものがとれました。

プラント：では、仙台ではどうでしたか？

Aさん：積雪のほとんどない仙台では、桜島とほぼ同じぐらいの大根ができました。しかも、仙台は火山灰地ではありません。ともかく、これで桜島大根は火山灰地の桜島以外の土地でも太くなることが確かめられたわけです。確かに、土質、気温、地熱、日照時間などの環境因子をまったく除外するわけにはいきませんが、どうも、桜島大根の内部にある特殊な成長ホルモンが、他に類を見ないほどの旺盛な肥大を行わせているのではないか、という考えが現実的になってきました。これだ！ 桜島大根の肥大の仕組みの謎解きに挑戦していくことこそ、他の追随を許さない、独創的な研究テーマだと確信しました。

プラント：なるほど、そこから桜島大根との交流が始まったということですね。

Aさん：桜島大根の肥大の謎解きに関する研究を学会で発表したことが、NHK・民放のテレビやラジオで報道されたり、新聞や週刊誌に掲載されました。さらに講談社より『文藝春秋』（創刊800号記念、6月特別号、1979年）に執筆を依頼され、執筆することになりました。『文藝春秋』は世界各国に在住する多くの日本人に読まれているようで、アメリカ、中国、ブラジル、イギリスなどから是非、桜島大根の種子を送って欲しいという手紙が多数寄せられました。そこで、私は現地で栽培・収穫した桜島大根の写真を送ってもらうことを条件に、桜島大根の種子を送りました。その1年後、各地から礼状と現地で収穫した桜島大根（スケール入り）の写真が送られてきました。桜島で栽培された大根とほぼ同じ太さの大根の写真が送られてきました。

　この桜島大根に関する研究が、鹿児島大学を代表する研究であると文部

省に評価され、当時いくつかの旧制帝大にしかなかった大変高価な分析機器を購入することができ、以後の私の研究にとって大いなる原動力になりました。

プラント：まさに桜島大根様々ということですね。ともかく、宮城県だけでなく、外国で栽培されても桜島で栽培されたものと同じぐらいの桜島大根が収穫されたということですね。

Aさん：その通りです。さらに、東海テレビで「桜島大根はなぜ肥大するのか」といった番組が企画され、札幌市（積雪と極寒に対する対策は行いました）、名古屋市と桜島で同時に桜島大根の栽培を開始し、翌年同時に収穫し、それぞれの大根の太さと重量を測定しました。俳優の川津さんがMCで、私も出演しましたが、桜島大根はどこで栽培されても太くなることが明らかになり、その原因は、縦の成長を抑制し肥大化を促進する化学物質（その物質の正体もわかりました）の量が、他の大根より桜島大根に多く含まれていることもわかりました。

プラント：最後に桜島大根について特に印象に残っていることを紹介してください。

Aさん：桜島大根とふれあって、印象に残っていることはたくさんありますが、最もびっくりしたのは桜島における桜島大根の栽培現場です。他の大根に比べて濃い緑色の大きな葉が四方八方に広がっている桜島大根の株がびっしり、しかも整然と植えられている光景に圧倒されます。それぞれの株の下で、丸々と肥大した大根が育っている様子を想像するだけでわくわくしてきます。読者の皆さんも機会がありましたら、是非ご覧になられたらと思います。私の教授定年退職祝賀会で、鹿児島大学の門下生の東郷博士がわざわざ鹿児島から持参してくれた丸々と太った"桜島大根"と数十年ぶりに対面でき、胸が熱くなったのを覚えています。

　ただ、鹿児島では現在も桜島大根は桜島でなければ太くならないと信じている人がたくさんおられます。鹿児島の特産物である桜島大根のイメージを大事にしたいと思っておられるということでしょうか。

3. クレス

プラント：次に A さんの前に現れた植物は何でしょうか？

A さん：桜島大根の次に、私が実験材料として接触した植物はナズナの一種のクレスです。今から三十数年前のことですが、私が鹿児島大学を研究休職して、科学技術庁所管・新技術事業団の大規模な研究プロジェクト（北海道大学・教授の水谷先生が総括責任者で、先生のお名前が冠の水谷植物情報物質プロジェクト）の植物対植物のグループリーダーとして参画したのが 1988 年 4 月でした。私にとって、植物と他の植物との間で交わされるコミュニケーション（アレロパシー）に関する研究そのものは素人でありましたが、自分の研究のウイングを広げるためにもチャンスを活かそうと思いました。北海道に赴任するまでに、何か独創的な研究テーマを引っさげて北海道に行けないものか、と考えました。私の頭に浮かんだのは、実験室の冷蔵庫に保存していたさまざまな種子をさまざまな組み合わせで 2 種類ずつ、直径 4.5cm という小さなシャーレの中で生育させ、相手植物の成長に影響を与える植物を突き止めることでした。

プラント：素人でもやれる、ずいぶん簡単な実験ですね。それで何かおもしろいことがわかったのですか？

A さん：おもしろいといったレベルを超える、まさに我を忘れるような、これまで経験したことのない興奮を覚えました。

プラント：えっ！ 何、何ですかそれは。早く教えてください。

A さん：クレスとケイトウの種子の組み合わせでした。クレスとの混植でケイトウの成長がものすごく促進されていたのです（写真終-3）。ケイトウだけの成長の数倍も伸びていたのです。このことから、クレスの発芽種子から、ケイトウの芽生えの成長を顕著に促進する化学物質が分泌されていることがわかりました。自分で言うのもなんですが、まさに世界初の大発見です。

プラント：その研究テーマを引っさげて、北海道に行ったのですね。プロジェクトの皆さんの反応はどうでしたか？

Aさん：プロジェクトの皆さんの前で同じ実験をしました。水谷先生をはじめ、スタッフは皆、びっくり仰天でした。

プラント：それで、クレス発芽種子から分泌され、ケイトウの芽生えの成長を顕著に促進する化学物質は明らかになったのですか？

Aさん：大量のクレス発芽種子の分泌液を集め、実にさまざまな実験方法を駆使して、ケイトウの芽生えの成長を促進する化学物質を取り出すことに成功しました。この物質をクレスの学名（*Lepidium sativum*）にちなんでレピジモイド（lepidimoide）（図終-1）と命名しました。慶応大学の山村教授らとの共同研究から、化学構造を明らかにすることができました。レピジモイドに関するさまざまな研究は、水谷植物情報物質プロジェクトをはじめ、慶應大学・筑波大学・宮城教育大学や大阪府立大学のほか、日本を代表する著名な企業によってなされてきました。数年前からレピジモ

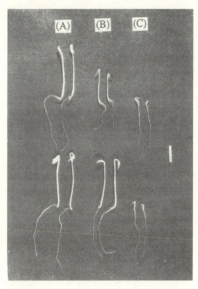

写真終-3　クレスとケイトウの相互作用
(A) クレス種子同士、(B) ケイトウの種子（上）とクレスの種子（下）を混植、(C) ケイトウの種子同士。クレス種子との混植でケイトウ芽生えの成長が顕著に促進されました。

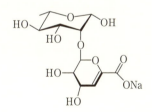

図終-1　レピジモイドの化学構造

イドの研究は海を越えて、オリゴ糖の研究において世界の第一人者であるイギリス・エジンバラ大学のフライ教授らによって活発に研究が行われています。

プラント：このレピジモイド研究で、Aさんにとって最も印象に残る出来事は何ですか？

Aさん：それはレピジモイドの発見はさまざまな偶然が重なって生まれたというか、運命的なものを感じました。

プラント：運命的なこととは？

Aさん：1つ目は今から数十年前、西ベルリン（ドイツがまだ東西に分断されていた頃）で開催された国際植物会議のシンポジウムで私が講演した折、会場に来られていた北海道大学の水谷先生と初めてお逢いし、帰国後、共同研究をさせていただいていたことです。2つ目はその水谷先生が科学技術庁所管・新技術事業団の大規模な研究プロジェクトの総括責任者として水谷植物情報物質プロジェクトを立ち上げられ、私も植物対植物の研究グループリーダーとして参画できたことです。3つ目は赴任するまでの期間が短かったことから、予備実験が室内でできる単純な実験しか可能でなかったこと、さらに実験室の冷蔵庫に保存していた種子の中にクレスとケイトウがあったこと、そして4つ目はあの壮大な北の大地に生息する植物たちと、水谷先生をはじめプロジェクトの皆さんが私を温かく迎えてくださったことなどで、これらの一つでも欠けていたら、レピジモイドを発見することはできなかったと思います。

　私と植物の間で目には見えない、運命的なコミュニケーションがあったのではないか、と今でも当時のことを思い出すと感慨深いものがあります。

プラント：なるほど、さまざまな運命的なコミュニケーションの重なりによって新発見が導き出されたということですね。

　ところで、いつかお話ししようと思っていたことですが、ちょっぴり不満なことがあります。それは、動物を実験材料として研究を行っている医学、薬学、生物学、農学、水産学などの科学者は、実験材料の動物に対して慰霊碑などを建立して、その死を悼むといった習慣があるようですが、私たち植物の場合はこれまで聞いたことがありません。悲鳴を表現できる動物と無言な植物との違いでしょうか？

Aさん：確かにそう思われても仕方ないですよね。でも、私も含め、植物を扱っている科学者は皆、きっと心の中ではあなた方に感謝していると思いますよ。

プラント：そう願っています。今回は私がAさんにインタビューし、それを文字に変換してもらいましたが、いつの日か、私たち植物と人（科学者）との間で直接、会話ができることを夢見ています。

参考文献
植物生理化学会編集、長谷川宏司監修『植物の知恵とわたしたち』大学教育出版、2017年

執筆者紹介
(執筆順)

長谷川　宏司　（はせがわ　こうじ）**編者**
　巻末の編著者紹介を参照
　執筆担当：はしがき、第1部第1章第3節

広瀬　克利　（ひろせ　かつとし）**編者**
　現職：神戸天然物化学株式会社 代表取締役会長、大神医薬化工有限公司 執行董事
　最終学歴：筑波大学大学院農学研究科博士課程（応用生物化学専攻）修了
　学位：博士（農学）
　主な研究領域：有機合成化学、植物生理化学
　主著：長谷川宏司、広瀬克利編著『食をプロデュースする匠たち』大学教育出版、2011年
　　　　長谷川宏司、広瀬克利編著『博士教えてください　植物の不思議』大学教育出版、2009年
　　　　山村庄亮、長谷川宏司編著『天然物化学 ― 植物編 ―』アイピーシー、2007年（共著）
　執筆担当：はしがき

井上　進　（いのうえ　すすむ）**編者**
　現職：丸和バイオケミカル株式会社 代表取締役社長
　最終学歴：鹿児島大学農学部園芸学科卒業
　学位：学士
　主著：長谷川宏司、広瀬克利、井上進、繁森英幸編著『異文化コミュニケーションに学ぶグローバルマインド』大学教育出版、2014年
　　　　長谷川宏司編著『続、多次元のコミュニケーション』大学教育出版、2012年（共著）
　　　　『草花類と花木の栽培手引き』丸和バイオケミカル発刊、1999年
　執筆担当：はしがき

後藤　伸治　（ごとう　のぶはる）
　最終学歴：東北大学大学院理学研究科生物学専攻（修士課程）修了
　学位：理学博士
　主な研究領域：植物生理学、植物遺伝学

主著：長谷川宏司、広瀬克利、井上進、繁森英幸編『異文化コミュニケーションに学ぶグ
　　　ローバルマインド』大学教育出版、2014 年（共著）
　　　The SENDAI Arabidopsis Seed Stock Center, Seed List. 2004 年（自費出版）
　　　「とっておき生物実験」『生物の科学・遺伝』別冊 No.10、裳華房、1998 年（共著）
執筆担当：序章

田幡　憲一　（たばた　けんいち）

現職：宮城教育大学 名誉教授
最終学歴：九州大学大学院理学研究科博士後期課程修了
学位：理学博士
主な研究領域・活動：理科教育、教員養成、教師教育、教員研修
主著：長谷川宏司編著『「教え人」「学び人」のコミュニケーション』大学教育出版、2016
　　　年（共著）
　　　『論破できるか！ 子どもの珍説・奇説』講談社、2002 年（共著）
　　　『とっておき生物実験―生徒と考え、生徒と創る―』裳華房、1998 年（共編、共著）
執筆担当：第 1 部第 1 章第 1 節

竹田　恵美　（たけだ　さとみ）

現職：大阪府立大学大学院理学系研究科 准教授
最終学歴：京都大学大学院農学研究科農芸化学専攻修士課程修了
学位：博士（農学）
主な研究領域：植物生理学、特に光環境への適応機構に関する研究
主著：植物生理化学会編集、長谷川宏司監修『植物の知恵とわたしたち』大学教育出版、
　　　2017 年（共著）
　　　神阪盛一郎、谷本英一共編『新しい植物科学　環境と食と農業の基礎』培風館、2010
　　　年（共著）
執筆担当：第 1 部第 1 章第 2 節

横山　峰幸　（よこやま　みねゆき）

現職：東京農工大学大学院農学研究院国際環境農学部門 客員教授
最終学歴：筑波大学大学院生物科学研究科生物物理化学専攻博士課程修了
学位：博士（生物物理化学）
主な研究領域：植物生理学、KODA の作用機序解析、ウルトラファインバブル水の植物に
　　　与える影響解析

主著：植物生理化学会編集、長谷川宏司監修『植物の知恵とわたしたち』大学教育出版、
　　　　2017 年（共著）
　　　　長谷川宏司、広瀬克利編『最新　植物生理化学』大学教育出版、2011 年（共著）
　　　　Ohta, M. and Yokoyama, M. Chemistry of cosmetics. Ed. By Mander, L., Lui, H.-W.,
　　　　Comprehensive Natural Products II Chemistry and Biology, vol. 3, pp.317-349,
　　　　Elsevier, Oxford（2010）
　執筆担当：第 1 部第 1 章第 4 節

丹野　憲昭　（たんの　のりあき）
　現職：山形大学 名誉教授
　最終学歴：東北大学大学院理学研究科博士課程単位取得退学
　学位：博士（理学）
　主な研究領域：ヤマノイモ属植物の休眠の生理学
　主著：長谷川宏司、広瀬克利編『最新　植物生理化学』大学教育出版、2011 年（共著）
　　　　長谷川宏司、広瀬克利編著『博士教えてください ― 植物の不思議 ―』大学教育出
　　　　版、2009 年（共著）
　　　　山村庄亮、長谷川宏司編著『天然物化学 ― 植物編 ―』アイピーシー、2007 年（共著）
　執筆担当：第 1 部第 2 章

繁森　英幸　（しげもり　ひでゆき）
　現職：筑波大学生命環境系 教授
　最終学歴：慶應義塾大学大学院理工学研究科博士課程修了
　学位：理学博士
　主な研究領域・活動：天然物化学。未解明生物現象に関わる生理活性物質の構造と機能解明
　主著：植物生理化学会編集、長谷川宏司監修『植物の知恵とわたしたち』大学教育出版、
　　　　2017 年（共著）
　　　　長谷川宏司、広瀬克利編『最新　植物生理化学』大学教育出版、2011 年（共著）
　　　　山村庄亮、長谷川宏司編著『植物の知恵 ― 化学と生物学からのアプローチ ―』大学
　　　　教育出版、2005 年（共著）
　執筆担当：第 2 部第 1 章

山田　小須弥　（やまだ　こすみ）
　　現職：筑波大学生命環境系 准教授
　　最終学歴：神戸大学大学院自然科学研究科博士後期課程修了
　　学位：博士（理学）
　　主な研究領域：植物の環境応答、生物間コミュニケーション
　　主著：「植物二次代謝産物の多面的な生物活性 ― ベンゾキサジノイドの生理機能と生物活性 ― 」
　　　　『化学と生物』53（10）、日本農芸化学会、2015 年
　　　　「植物生育初期に分泌される促進的アレロケミカルズ」『月刊ファインケミカル』44（3）、
　　　　シーエムシー出版、2015 年
　　　　Yamada K., Miyamoto K., Goto N., Kato-Noguchi H., Kosemura S., Yamamura S. and Hasegawa K.: Allelopathy-New Concepts and Methodology (Fujii Y. and Hiradate S. eds., Science Publishers, NH, USA) SECTION 2 (Chapter 8) Chemical and biological analysis of novel allelopathic substances, lepidimoide and lepidimoic acid. pp.123-135 (2007)
　　執筆担当：第 2 部第 2 章

笠原　堅　（かさはら　けん）
　　現職：株式会社ちとせ研究所 菌叢活用本部長、株式会社フローラインデックス 代表取締役
　　　　最高技術責任者、一般社団法人日本マイクロバイオームコンソーシアム 副運営委員
　　　　長 兼 研究開発部会長
　　最終学歴：東京大学大学院薬学系研究科博士後期課程修了
　　学位：博士（薬学）
　　主な研究領域・活動：土壌、腸、有機性排水処理のマイクロバイオーム解析技術開発。菌叢
　　　　解析用データベース整備
　　執筆担当：第 2 部第 3 章

穴井　豊昭　（あない　とよあき）
　　現職：佐賀大学農学部 教授
　　最終学歴：北海道大学大学院理学研究科植物学専攻博士後期課程修了
　　学位：博士（理学）
　　主な研究領域：作物（特にダイズ）の遺伝子機能の解析と、遺伝的な改良についての研究に
　　　　取り組んでいる。
　　主著：植物生理化学会編集、長谷川宏司監修『植物の知恵とわたしたち』大学教育出版、

2017 年（共著）

T. Anai: Mutant-Based Reverse Genetics for Functional Genomics of Non-model Crops, J. M. Al-Khayri, S. M. Jain, D. V. Johnson（eds.）*Advances in Plant Breeding Strategies: Breeding, Biotechnology and Molecular Tools*, Springer International Publishing AG, pp.473-487（2015）

長谷川宏司、広瀬克利編『最新 植物生理化学』大学教育出版、2011 年（共著）

執筆担当：第 3 部第 1 章

小峰　正史　（こみね　まさし）

現職：秋田県立大学 准教授

最終学歴：東京大学農学生命科学研究科大学院博士課程修了

学位：博士（農学）

主な研究領域：生物環境調節学、植物工場

主著：『機能性植物が秘めるビジネスチャンス　各社事例から学ぶ成分向上手法／事業活用例』情報機構、2016 年（共著）

春日務 企画編集『10 年後の市場・技術予測とそこから読み解く必然の研究開発テーマ』技術情報協会、2014 年（共著）

日本菌学会編『菌類の事典』朝倉書店、2013 年（共著）

執筆担当：第 3 部第 2 章

山本　俊光　（やまもと　としこう）

現職：甲子園短期大学 専任講師

最終学歴：福岡大学大学院人文科学研究科博士前期課程教育・臨床心理専攻修了

学位：博士（農学）

主な研究領域：社会園芸学、環境教育、保育学

主著：植物生理化学会編集、長谷川宏司監修『植物の知恵とわたしたち』大学教育出版、2017 年（共著）

長谷川宏司編著『続・多次元のコミュニケーション』大学教育出版、2012 年（共著）

長谷川宏司・広瀬克利編著『博士教えてください―植物の不思議』大学教育出版、2009 年（共著）

執筆担当：第 3 部第 3 章

原　千明　（はら　ちあき）
　　前職：甲子園短期大学生活環境学科 助教（2019年3月退職）
　　最終学歴：近畿大学大学院農学研究科博士前期課程修了
　　学位：修士（農学）
　　主な研究領域：植物の香り成分がヒトに与える心理・生理効果に関する研究
　　執筆担当：第3部第4章

富　研一　（とみ　けんいち）
　　現職：稲畑香料株式会社研究開発部、一般社団法人サイエンティフィックアロマセラピー協
　　　　　会理事
　　最終学歴：京都大学大学院農学研究科博士後期課程修了
　　学位：博士（農学）
　　主な研究領域・活動：植物の香気成分分析および生理心理に与える影響の解明。科学的なア
　　　　　　　　　　　ロマセラピーに関する啓蒙普及活動
　　主著：『医者がすすめる科学的アロマセラピー』かざひの文庫、2019年（共著）
　　　　　マリア・リス・バルチン著、田邉和子・松村康生監訳『アロマセラピーサイエンス科
　　　　　学的アプローチによる医療従事者のためのアロマセラピー』フレグランスジャー
　　　　　ナル社、2011年（共訳）
　　執筆担当：第3部第4章

関根　正隆　（せきね　まさたか）
　　現職： 真宗大谷派長徳寺 住職
　　最終学歴： 大谷大学仏教学科卒業
　　学位：学士（文学）
　　主な活動：宗派を超えて地域の寺院と共に、まちに寺を開く活動などに取り組んでいる。
　　執筆担当：第4部第1章

長屋　梅子　（ながや　うめこ）
　　現職：静岡県退職教頭会会長、静岡県退職公務員連盟事務局長、おおとり会（県立女子短
　　　　　大・女子大学同窓会）顧問、俳句「蜻蛉」同人　静岡市民俳句大会選者、伝統文化茶
　　　　　道親子教室講師
　　最終学歴：静岡県立女子短期大学卒業（取得免許状：中二普（国）、小二普、養学二普）
　　主な活動：在職期間に市の委託を受けてカウンセラーを6年間行う（昭和49年）。

市の教職員訪中団メンバーとなり中国へ 8 日間の視察旅行に行く。その後、市の日中友好協会会員となり、友好を深めるための活動の企画等に従事（昭和 62 年から現在も継続）。茶道親子教室開設（平成 26 年～）。

執筆担当：第 4 部第 2 章

前野　博紀　（まえの　ひろき）

現職：華道家（草月流師範）

最終学歴：同志社大学文学部英文学科卒業

主な研究領域・活動：大学時代は英米文学専攻。30 歳にて、華道の世界に魅かれ、修業する。2006 年、華道家として独立後、作品制作、教室運営などを展開している。

主著：『旅するクジラ』木楽舎、2013 年

『花のチカラ ― 前野博紀の生きる道 ―』世界文化社、2010 年

『花をいける、言葉をいける。』二見書房、2009 年

執筆担当：第 4 部第 3 章

岡村　重信　（おかむら　しげのぶ）

現職：鹿児島国際大学国際文化学部音楽学科 教授

最終学歴：南カリフォルニア大学大学院修士課程（音楽学部）修了

学位：修士（音楽学）

主な活動：ピアノ指導法講座の定期的な開催、ピアノリサイタル（日本・アメリカ）

主著：長谷川宏司編著『「教え人」「学び人」のコミュニケーション』大学教育出版、2016 年（共著）

長谷川宏司、広瀬克利、井上進、繁森英幸編『異文化コミュニケーションに学ぶグローバルマインド』大学教育出版、2014 年（共著）

長谷川宏司編著『続・多次元のコミュニケーション』大学教育出版、2012 年（共著）

執筆担当：第 4 部第 4 章

鳥塚　篤広　（とりづか　あつひろ）

現職：千葉県立柏高等学校書道科 教諭

最終学歴：筑波大学大学院芸術研究科美術専攻書分野修士課程修了

学位：修士（芸術学）

主な研究領域・活動：中国・元代における章草についての研究。近現代日本書道史、表装についての研究。個展を中心に作品発表。一般財団法人書海社幹事、市

川美術館理事を務めている。
- 主著：長谷川宏司編著『続・多次元のコミュニケーション』大学教育出版、2012 年（共著）
  - 長谷川宏司編『多次元のコミュニケーション』大学教育出版、2006 年（共著）
- 執筆担当：第 4 部第 5 章

松浦　邦昭　（まつうら　くにあき）

- 所属：一般社団法人日本樹木医会、樹木医学会、日本線虫学会
- 最終学歴：東京農工大学大学院農学研究科修士課程修了
- 学位：博士（農学）
- 主な研究領域・活動：樹木病害虫の総合防除とその研究
- 主著：「樹木の病害虫・雑草の総合防除」『ツリードクター』23、2016 年
  - 「マツノザイセンチュウ接種木樹冠の地上調査および空中写真による追跡」『日本森林学会誌』92 (2)、2010 年
  - 「殺線虫剤の根元注入によりマツ材線虫病から回復したクロマツ樹幹でみられた病徴進展」『森林総合研究所研究報告』2 (2)、2003 年
- 執筆担当：第 4 部第 6 章

吉葉　美地子　（よしば　みちこ）

- 現職：主婦
- 最終学歴：茨城県立水海道第二高等学校卒業
- 主な活動：常総市自然友の会に参加
- 執筆担当：第 4 部第 7 章

東郷　重法　（とうごう　しげのり）

- 現職：鹿児島純心女子高等学校 教諭
- 最終学歴：筑波大学大学院生命環境科学研究科修了
- 学位：博士（生物科学）
- 主な研究領域・活動：植物生理化学
- 主著：長谷川宏司編著『「教え人」「学び人」のコミュニケーション』大学教育出版、2016 年（共著）
  - 長谷川宏司、広瀬克利編『最新　植物生理化学』大学教育出版、2011 年（共著）
  - 長谷川宏司、広瀬克利編著『博士教えてください―植物の不思議―』大学教育出版、2009 年（共著）
- 執筆担当：第 4 部第 8 章

■編著者紹介

長谷川　宏司　（はせがわ　こうじ）

筑波大学・名誉教授
東北大学大学院理学研究科博士課程修了。博士（理学）
主な研究領域は、植物生理化学、植物分子情報化学
主著：
植物生理化学会編集、長谷川宏司監修『植物の知恵とわたしたち』（大学教育出版、2017 年）
長谷川宏司・広瀬克利・井上進・繁森英幸編『異文化コミュニケーションに学ぶグローバルマインド』（大学教育出版、2014 年）
長谷川宏司・広瀬克利編『最新　植物生理化学』（大学教育出版、2011 年）
山村庄亮・長谷川宏司編『天然物化学 ― 植物編 ―』（アイピーシー、2007 年）
長谷川宏司「桜島ダイコンはなぜ大きい？」（『文藝春秋』創刊 800 号記念・6 月特別号、1979 年、pp.358-362）
T. Hasegawa, K.Yamada, S. Kosemura, S. Yamamura and K. Hasegawa: Phototropic stimulation induces the conversion of glucosinolate to phototropism-regulating substances of radish hypocotyls. *Phytochemistry*, 51: 275-279（2000）
K. Hasegawa, J. Mizutani, S. Kosemura and S. Yamamura: Isolation and identification of lepidimoide, a new allelopathic substance from mucilage of germinated cress seeds. *Plant Physiol.*, 100: 1059-1061（1992）
J. Bruinsma and K. Hasegawa: A new theory of phototropism – Its regulation by a light-induced gradient of auxin-inhibiting substances. *Physiol. Plant.*, 79: 700-704（1990）
K. Hasegawa, M. Sakoda and J. Bruinsma: Revision of the theory of phototropism in plants: a new interpretation of a classical experiment. *Planta*, 178: 540-544（1989）
T. Hashimoto, K. Hasegawa and A. Kawarada: Batatasins: New dormancy-inducing substances of yam bulbils. *Planta*, 108: 369-374（1972）　他多数。

植物の多次元コミュニケーション

2019 年 7 月 10 日　初版第 1 刷発行

■編　　者——長谷川宏司・広瀬克利・井上　進
■発　行　者——佐藤　守
■発　行　所——株式会社 大学教育出版
　　　　　　　　〒700-0953　岡山市南区西市 855-4
　　　　　　　　電話（086）244-1268　FAX（086）246-0294
■印刷製本——モリモト印刷㈱
■イラスト——繁森有紗（第 2 部第 1 章）・松澤真央（第 3 部第 3 章）

©Koji Hasegawa, Katsutoshi Hirose and Susumu Inoue 2019, Printed in Japan
検印省略　　落丁・乱丁本はお取り替えいたします。
本書のコピー・スキャン・デジタル化等の無断複製は著作権法上での例外を除き禁じられています。本書を代行業者等の第三者に依頼してスキャンやデジタル化することは、たとえ個人や家庭内での利用でも著作権法違反です。
ISBN978-4-86429-993-0